Cartoon Character Animation with Maya
Mastering the Art of Exaggerated Animation

CARTOON CHARACTER ANIMATION WITH MAYA:
Mastering the Art of Exaggerated Animation
by Keith Osborn

Copyright © 2015 by Bloomsbury Publishing Plc.

Keith Osborn has asserted his right under the Copyright, Designs and Patents Act, 1988, to be identified as Author of this work.

All rights reserved. No part of this publication may be reproduced or transmitted in any form or by any means, electronic or mechanical, including photocopying, recording, or any information storage or retrieval system, without prior permission in writing from the publishers.

Original ISBN: 978-1-4725-3367-8
Japanese translation published by arrangement with Bloomsbury Publishing Plc through The English Agency (Japan) Ltd.
Japanese language edition published by Born Digital, Inc. Copyright © 2017

■ ご注意
本書は著作権上の保護を受けています。論評目的の抜粋や引用を除いて、著作権者および出版社の承諾なしに複写することはできません。本書やその一部の複写作成は個人使用目的以外のいかなる理由であれ、著作権法違反になります。

■ 責任と保証の制限
本書の著者、編集者、翻訳者および出版社は、本書を作成するにあたり最大限の努力をしました。但し、本書の内容に関して明示、非明示に関わらず、いかなる保証も致しません。本書の内容、それによって得られた成果の利用に関して、または、その結果として生じた偶発的、間接的損傷に関して一切の責任を負いません。

■ 著作権と商標
本書の原書 Cartoon Character Animation with Maya: Mastering the Art of Exaggerated Animation は Bloomsbury Publishing Plc によって出版されました。著作権は Bloomsbury Publishing Plc が有します。また、イラストレーションの著作権は、それぞれのアーティスト、著作権者が有します。本書に記載されている製品名、会社名は、それぞれ各社の商標または登録商標です。本書では、商標を所有する会社や組織の一覧を明示すること、または商標名を記載するたびに商標記号を挿入することは、特別な場合を除き行っていません。本書は、商標名を編集上の目的だけ使用しています。商標所有者の利益は厳守されており、商標の権利を侵害する意図は全くありません。

CG
キャラクター
アニメーションの極意

― MAYAでつくるプロの誇張表現 ―

目次

はじめに　6

CHAPTER 1　8
2Dで考える

デザインが動きを伝える　10
3Dを2Dとしてアニメートする　16
インタビュー：Ken Duncan　22
アドバイス　28

CHAPTER 2　30
アニメーション計画

サムネイル　32
ビデオリファレンス　34
アニメーション演技　36
インタビュー：Ricardo Jost Resende　40
実践してみよう　44
アドバイス　46

CHAPTER 3　48
ポーズテスト

シーンの準備　50
ポーズのデザイン　60
アニメーションの原則　71
インタビュー：Matt Williames　76
実践してみよう　80
アドバイス　86

本書には付属データがあります。

詳細については、ボーンデジタルの書籍サポートページをご参照ください。

https://www.borndigital.co.jp/book/support/

CHAPTER 4　88
ブレイクダウン

手に入るものを気に入ること、欲しいものを手に入れること	90
優れたブレイクダウンを作る	93
インタビュー：Pepe Sánchez	100
実践してみよう	104
アドバイス	114

CHAPTER 5　116
洗練する

完成度を上げる	118
恐怖の変換	120
仕上げ	124
インタビュー：T. Dan Hofstedt	128
実践してみよう	132
アドバイス	138

CHAPTER 6　140
カートゥンテクニック

モーションブラーの問題	142
マルチプルリム（複数の手足）	144
モーションラインとドライブラシ	148
スミア	150
スタッガ（震え）	154
インタビュー：Jason Figliozzi	156
実践してみよう	160
アドバイス	170

付録　172

あとがき	172
推薦書籍	173
推薦映像	173
画像クレジット	174
謝辞	175

はじめに

カートゥン風のCGアニメーションを作成することは難しく感じられるかもしれません。しかし、ギリシアの哲学者エピクロスが言うように「困難が大きいほど、それを克服したときの栄光も大きい」のです（ギリシア哲学について述べるのは、ここだけにしておきます）。本書では、主にカートゥンスタイルのアニメーションについて解説しますが、エピクロスの言っていることは真実です。人生の大部分においてそうあるように、私たちは簡単に達成できないことに価値を置きます。では、カートゥンスタイルのアニメーションで困難なこととは何でしょうか？ そこには、2つの大きなハードルがあります。

第1のハードルは、これらのテクニックを実装する技術面にあります。CGアニメーションにおいて、カートゥンキャラクターを自由に誇張する機能（スミアや歪みなど）は、アニメーターのツールボックスにありません。芸術形態としてのCGアニメーションはまだ未成熟で、その使用ツールも少し荒削りです。

第2のハードルは、これらのテクニックを適切な方法で適用するためには、審美的な考察を必要とすることです。同じ作例を用いても、キャラクターに、いつ、どれくらい、そのテクニックを適用するか知ること自体がアートです。カンバスの上隅に描く円の一部で太陽を表すことを発見した子どものように、アーティストは、同じ場所に太陽を描く傾向があります。目から鱗が落ちる瞬間を経験し、テクニックを学ぶと、常に、それに従う誘惑に駆られます。また、伝統的なアニメーションテクニックの場合、裁量が重要になります。使用のタイミングを知ることは、使い方を知ることと同じくらい重要です。本書の目的は、これら2つの課題に取り組むことです。近年のキャラクターリギングとツールの発達により、CGアニメーションにカートゥンのテクニックを実装することは簡単になってきました。時として、これらの適用には忍耐を必要とします。ただ、最終的には、驚異的なアニメーションの魔法をもたらすことでしょう。

本書は主に、誇張されたカートゥンスタイルのアニメーションをつくりたいアニメーターを対象としています。できるだけ分かりやすく情報を分類していますが、まったくの初心者向けではありません。つまり、最大限に活用するには、アニメーションプロセスとMayaを使用したアニメートの基本的な理解が必要です。アニメーションは動きを伴うビジュアルアートです。本書では、短いアニメーションシーンにさまざまなテクニックを取り入れていきますが、現実世界にも学びはあるでしょう。サポートページから、キャラクターリグ、アニメーション制作に利用できるツール、ムービーファイルなどをダウンロードできます（https://www.borndigital.co.jp/book/support/）。本書で、知識、スキル、ツールセットを拡張してください。

ここで、私の考えをもう1つ述べておきましょう。そうは言っても、アニメーションの講師として、テクニックや一般的なアニメーションについて簡潔に話すことはしません。アニメーターとして活動し始めて間もない頃、私は「センスがある／ない」だけで人を判断するようなナイーブな人間でした。どんなに鍛錬しても成熟したアニメーターにはなれない生徒がいたからです。一部の人にとって、アニメーションアートの学習は時間がかかることがあります。自然にそうなるのか、教育によるものなのか理由はわ

かりません。しかし、講師として、教え始めて8年経った今、ある人物が1つの重要な教訓を示してくれました。それは「情熱」です。

ここでは、その人物の名を「ブライアン」としましょう。彼は「レンダーラングラー」として、アニメーションのキャリアをスタートしました。この聞き慣れない職務には、最終イメージをレンダリングするコンピュータファームの監視責任があります。それは技術的な役割なので、ほとんどのアーティストはやりがいを感じられません。にもかかわらず、ブライアンは頼まれた役割を喜んで引き受けました。

彼は地元のコミュニティカレッジのクラスを受講しただけで、アニメーションの正式な訓練は受けていません。また、彼のアニメーションリールに含まれていたのは、ボールバウンス運動や希薄な動作テストのみです。しかし、彼には「情熱」がありました。常に他のアーティストからのインプットを求めながら、自主制作を続け、改善に対する意気込みも強く激しいものでした。彼は自分のすべてを捧げたのです。結果、目標にたどり着くのに時間はかかりませんでした。アニメーションのキャリアを着実に積み上げ、わずか数年で熟練アニメーターになり、アニメーションリードになり、ついに、アニメーションスーパーバイザーになりました。

その後もブライアンは進み続け、現在はアニメーション＆デザインスタジオ BoutiqueのCEOとなり、高品質な制作で有名クライアントにサービスを提供しています。私は彼から貴重な教訓「情熱」を学びました。ときには、挑戦して失敗することもあるでしょう。しかし、アニメーションを通して、たゆまぬ努力を続ければ、最終的にほとんどのことは上手くいくのです。最後に、有名なCGアニメーションに登場する魚のセリフを皆さんに贈りましょう。

「Just keep swimming.（泳ぎ続けましょう）」

CHAPTER 1
2Dで考える

はじめてMayaを開いたとき、とても不安でした。当時、アートスクールの熱心な学生だった私は、大手スタジオが使用するソフトウェアでCGアニメーションの素晴らしい世界を体験してみたかったのです。しかし、それは複雑で奥が深く、すべてが別世界のものでした。マウスをクリックするたびに何かを壊してしまうのではないかと怯え、実際にそうなったこともよくありました。CGの学校に通っていた人なら、イラストクラスの学生がPhotoshopの複雑さについて愚痴をこぼすのを耳にしたことがあるでしょう。その苛立ちを軽んじるわけではありませんが、彼らは、もう1つ次元が加わることで、指数関数的に複雑化することを知りません。

しばらくして、Mayaが上達していくと、シンプルな紙と鉛筆が恋しくなり、制作のルーツである手描きアニメーションに立ち戻りたくなりました。私のドローイング技術では、手描きアニメーターになれません。しかし、手描きアニメーションのテクニックをワークフローに取り入れているCGアニメーターに出会い、刺激を受けました。私は、「ポーズトゥポーズ（キーとなるポーズを作り、間を補間する方法）」「ステップ接線」「カンマキーとピリオドキーでページめくりをシミュレートする」といった内容に魅了され、それらをワークフローに熱心に取り入れていきました。そうすることで、アニメーション工程は難しくなりましたが、得るものも大きく、自分を技術者というよりもアーティストのように感じられました。

今日では、これらのアプローチが当たり前となり、すでに、読者の皆さんもこの方法で制作していることでしょう。もし、これらのアプローチを探求したことがなくともかまいません。これから、テクニックのいくつかを詳しく紹介します。ただし、2Dアニメーターのように動き（モーション）について考える前に、1歩前に戻り、キャラクターのデザインを2Dで考えることの重要性と、それがどのようにアニメーションに影響するかを考えてみましょう。

CHAPTER 1
2Dで考える

デザインが動きを伝える

自分でキャラクターを作る場合を除き、アニメーターはそのデザインをコントロールできません。しかし、デザインはキャラクターがどのように動くかを予想させる上で、大きく影響します。したがって、自分が作りたいアニメーションスタイルについて考えるとき、そのデザインをしっかりと考慮するようにしましょう。

アニメーターは、純粋にキャラクターデザインに基づき、特定のスタイルの動きを予想します。もし、キャラクターがリアルにデザイン、描画されていたら、物理法則にしたがい自然な方法で動くと予想できるでしょう。これは、超人ハルクがビルからビルへ素早く飛び移るようなシーンなどでよく目にします。ただし、真実味が崩れてしまうポイントも存在します。

キャラクターの演じるアクションが厳密に正しいかを判別するため、物理学を極める必要はありません。もし、ハルクの目が飛び出し、大げさなカートゥン調の動きをしたら(面白いと思いますが)、何かが失われていると感じることでしょう。リアルなキャラクターに、そのような動きは不適切に見えます。

逆に、元祖ミッキーマウスのような20世紀初頭のゴムホーススタイルのキャラクターが、すべての物理法則に正確に従うと違和感が出て、鑑賞者を混乱させるでしょう。キャラクターデザインに基づく動きの予測は、本能的なもの、あるいは何十年も掛けて映画界で洗練されてきたものかもしれません。いずれにせよ、一般的にデザインがより風刺的、カートゥン的になるほど、動きのスタイルを模索する自由度が上がり、わずかな変化でも違いが生まれます。

1.1 『スター・ウォーズ クローン大戦』(2008年)
この強く美しいデザイン様式は、誇張とダイナミックなアクションをサポートしています

| デザインが動きを伝える | 3Dを2Dとしてアニメートする | インタビュー KEN DUNCAN | アドバイス |

1.2 『アベンジャーズ』(2012年)
リアルなデザインのハルクは、真実味のある物理世界に生きているので、私たちが慣れ親しんでいる物理法則にある程度従うと予想できます

たとえば、『アラジン』(1992)に登場するランプの魔人ジーニーを例に見てみましょう。彼は非常に曲線的なデザインで、それに適した大きく流れのある動きをします。一方、アラジンは誇張しながらも、ある程度、人体構造に沿っているので、ジーニーと同じように動くと奇妙に見えるでしょう。

このように、一貫性のあるスタイルで描かれた同一作品でも、デザインの違いがその動きに大きく関わってきます。つまり、動きのスタイルで第一に考慮すべきことは、アニメーション段階よりもずっと前、キャラクターの構築方法によって決まります。もし、動きのスタイルをより自由に模索したければ、極端に誇張されたカートゥン調のキャラクターにこだわると良いでしょう。

CHAPTER 1
2Dで考える

マテリアルの信憑性

CGアニメーションでは、マテリアル(素材)をシミュレートする素晴らしい機能によって、オブジェクトの表面をリアルに見せることができます。これもまた、動きの予測に大きく影響してきます。車やロボットのように硬い鉄の表面で構成された物体をアニメートするときは、そのことを考慮する必要があるでしょう。

初期のディズニーアニメーターが定義した「アニメーションの12原則」の中で、マテリアルが最も影響するのはおそらく「スカッシュ＆ストレッチ（伸縮）」です。光沢のある金属で描かれた乗り物が、高いところから落ちるとき、ゴムのようにバウンドすることはないでしょう。だからといって、スカッシュ＆ストレッチが使えない訳ではありません。慎重にオブジェクトの材質に合わせてやれば、使用できます。たとえば、『カーズ』(2006年)でこの原則の素晴らしい使い方を確認できます。意識を集中させてこの映画を観てください。乗り物が動き回るとき、スカッシュ＆ストレッチが微かに、かつ適切に使われていることが分かります。

ここで、もう1つ例を挙げておきましょう。私は幸運にもCG短編映画『Coyote Falls』(2010年)で、ロードランナーとワイリーコヨーテのCGアニメーションの導入部に携わりました。キャラクターデザインはオリジナル短編アニメーションのモデルシートを忠実に再現していますが、リアルな羽と毛でレンダリングされています。アニメーションスタイルは、全体のタイミングできびきびしたカートゥン調にしました。ただし、ロードランナーの尻尾はリアルな羽のルックなので、身体が突然止まっても、羽は停止するまでより長く時間をかける必要がありました。これは新・旧アニメーションの難しいブレンドで、適切な動きのスタイルを見つけるまでに試行錯誤を要しました。

リミテッド アニメーション

カートゥン調デザインの一極として、リミテッドアニメーションが挙げられます。これはデザインがより抽象的でシンプルな形状に削ぎ落とされたものです。ハンナ・バーベラの『原始家族フリントストーン』(1960～66年)、『宇宙家族ジェットソン』(1962～63年、1985～87年)は伝統的なアニメーションの事例として注目に値します。『ぽこよ POCOYO 』(2005年)と『ジェリージャム』(2011年)は、より現代的なCGアニメーションで作られた同等の作品と言えるでしょう。

プロのヒント
アニメーションの12原則

ディズニーのアニメーター、オリー・ジョンストンとフランク・トーマスが『ディズニーアニメーション 生命を吹き込む魔法』(1981年)で紹介した12原則は、創作の構成要素です。本書ではそのいくつかを見て、カートゥンアニメーションとの関係を解説します。

1. スカッシュ＆ストレッチ(伸縮)
2. 予備動作(アンティシペーション)
3. ステージング
4. ストレートアヘッドとポーズトゥポーズ
5. フォロースルーとオーバーラップ
6. スローインとスローアウト
7. 弧(運動曲線)
8. 副次アクション(セカンダリアクション)
9. タイミング
10. 誇張
11. ソリッドドローイング
12. アピール

| デザインが動きを伝える | 3Dを2Dとしてアニメートする | インタビュー KEN DUNCAN | アドバイス |

1.3『原始家族フリントストーン』(1960〜66年)
フリントストーンのアニメーションは、デザインがいかに動きのスタイルに影響するかが分かる好例です。素晴らしいキャラクターデザインにより、アニメーターは品質を維持しつつ、予算を抑えることができました

デザインを簡素化する最大の理由は、アニメーション工程を早めて時間を節約し、制作費を削減できるからです。おそらくこのグラフィック手法の最大の利点は、キャラクターが全然動かなくとも、アイデアを伝えるのに必要なものだけを動かせば済むことです。このようなタイプのカートゥンは会話重視なことが多いので、動くのは大抵、口だけです。手描きアニメーションでは、1枚の絵が多くのフレームで使いまわされ、かなりの経費削減となっています。

同様に、CGアニメーションでもキャラクターが動かないほど、アニメーターはフッテージを素早く大量生産できます。すべてのアニメーションプロジェクトがハリウッド長編作品並みの予算を確保できるわけではないので、経費削減のためにそのようなアプローチを採ります。ただし、リミテッド アニメーションが低クオリティということではありません。

たとえば、『ぽこよ POCOYO 』のアニメーションは、発想力があり、美しく、愉快でかわいいです。その動きを観ているとすぐに笑顔になれるでしょう。リミテッド アニメーションのように極端に様式化すると、キャラクターの動かし方を深く考えてアプローチする必要が出てきます。デザインは動きに重大な影響力を及ぼします。極端なデザイン様式のプロジェクトで制作するときは、キャラクターの動きが明確でないこともよくあるので、いくらか実験が必要になるでしょう。

キャラクターの動きを試す最適な方法は、歩行サイクルのアニメートです。歩行サイクルは必ずしも楽しい作業ではありませんが、基本ポーズを大まかに組み立てるのに使えます。それらは、特定のキャラクターやシリーズ全体の動きのスタイルを開発するときのテストとして、手軽に繰り返し使用できます。動きをどのように開発するかに関わらず、キャラクターの見え方と動き方には調和が必要です。そのためにいくらか手を加えることになるでしょう。

CHAPTER 1
2Dで考える

スタティック・ホールドと独立した動き

誇張されたデザインの利点は、CGアニメーションのルールに縛られず、そのルールを歪めたり、破ったりできることです。私がCGアニメーションのキャリア初期に言われたのは、「キャラクターが完全に止まった状態（スタティック・ホールド）を避ける」でした。理由は、キャラクターが死んでいるように見えるからです。

現実世界でも同じことが言えます。完全に止まっている人はいません。CGアニメーションで追求することの1つは「現実の模倣」なので、スタティック・ホールドを避けるように教え込まれました。ただし、先ほど述べたように、リミテッド アニメーションではよく静止します。長編作品のように質の高い手描きアニメーションでさえも、さまざまなところでスタティック・ホールドが使われています。背景のすべてのキャラクターが、数秒間完全に止まっていることもよくあります。同様に、メインキャラクターが12フレームほど静止することもあるでしょう。しかし、CGの世界で、これはやってはならないことと考えられていました。

キャラクターの一部（腕など）が身体の他の部位に影響を与えることなく、独立して動くことも避けるように教わりました。これがもう1つのやってはならないことです。手描きアニメーション、特にリミテッド アニメーションでは常に使われているテクニックですが、スタティック・ホールドと同じく、CGアニメーターに禁止されているテクニックでした。

1.4『くもりときどきミートボール』（2009年）
この作品は、CGアニメーションの長編映画におけるカートゥンアクションの境界を押し広げ、新たな地平を切り開きました

1.4

プロのヒント
スタイラスでアニメーションを作る

手描きアニメーションで、コンピュータの入力デバイスにスタイラスを使うのは合理的です。しかし、Mayaでスタイラスを使う利点は、どこにあるのでしょう？

1つの理由は、アーティストの感覚で作業に取り組めることです。スタイラスには、より直感的で実際に体感を得られる魅力があります。そして、より重要なもう1つの理由は、私自身や知り合いのアーティストがそうなのですが、反復性緊張外傷（RSI）の軽減に繋がるという点です。これは長時間マウスを使うときによく起こります。

マウスからスタイラスへの乗り換えを検討しているなら、良いアドバイスがあります。**タブレットを繋いだらすぐにマウスを外してください。**そうすれば、スタイラスの代わりにマウスを使う誘惑に駆られることがなくなり、習熟するまでの時間が劇的に短縮されるでしょう。経験上、慣れるのに要する期間は2週間です。

私はスタイラスに切り替えて、とても満足しています。これで絶対にRSIにならないとは言い切れないものの、大きなサポートになるので、試す価値はあります。もう1つのテクニカル面のアドバイスとして、ペンのグリップに2つのボタンがあるサイドスイッチ付きのものを強くお勧めします。1つのスイッチに中マウスボタン、もう1つに右マウスボタンを割り当てることができます。

しかし、『モンスター・ホテル』（2012年）や『くもりときどきミートボール』（2009年）などの映画が、こうしたCGの制約を破り、その工程で「スタティック・ホールド」や「独立した動き」を使った魅力的で面白い瞬間を作り出しました。アニメーターがこれらのタブーに無知で、間違えてアニメートした訳ではありません。デザインの様式化が、それまで閉じられていた道を模索する機会を与えたのです。

とはいえ、アニメーションの表現をいつ、どの程度押し広げるかを判断するには、やはり多大な注意力とスキルが必要です。たとえば、誇張されたキャラクターでも、スタティック・ホールドに入るまでの段階的な流れを巧妙にコントロールする必要があるでしょう。たとえリアリズムからかけ離れたビジュアルだったとしても、レンダリングされたCGアニメーションイメージの表面にはテクスチャが施され、現実的な陰影が描画されます。そのため、静止を慎重に扱わなければ、やはりキャラクターが死んでいるように見えてしまいます。デザインがどれほどリアリズムから離れているかによって、結果が大きく異なります。デザイン的に無理がなければ新たな動きのスタイルを試し、アニメーションの表現をどの程度まで押し広げられるか、探ってみてください。

CHAPTER 1
2Dで考える

3Dを2Dとしてアニメートする

アニメーション制作では、キャラクターデザイン以外でも2Dに置き換えて考えることが重要です。2Dアニメーターのように考えると言っても、デッサンの達人である必要はありません。つまり、完全に新しいスキルを身につけるのではなく、以前とは少し異なる方法で物を見るように、脳を再トレーニングするのです。それは決して複雑ではありません。アニメートするときに2Dで考えやすくするため、ここでは役立つシンプルなヒントをいくつか紹介していきます。

すべてのフレームがドローイングです

初期のディズニーアニメーターが定義した「アニメーションの12原則」の1つに、「ソリッドドローイング」があります。3Dアニメーションでは昔ながらの感覚でキャラクターを描くことはありません。しかし、ポーズのついたキャラクターは、ドローイング（1枚の絵）と考えましょう。なぜなら、完成品が鑑賞者のもとに届くときは、平面スクリーンに映し出されるので、本質的には2Dイメージ、つまりドローイングだからです。

ただし、それは技術面の違いなので、アート面での違いを説明しましょう。ポーズのついたキャラクターをドローイングと考えると、バーチャルワールドから外に踏み出し、「良いデザイン」という基本側面からイメージを確認できます。1つのカメラビューでキャラクターを確認して、構図・ネガティブスペース（余白の使い方）・明確さ・曲線に対する直線・コントラスト・リズムなどを考慮し、デザインの観点からイメージを評価できます。こうした用語が聞き慣れなくても大丈夫です。以降の章でより細かく解説していきます。今のところは、**完成品（完成フレーム）は2Dのドローイングである**ということを単純に頭に入れておいてください。ディズニーの『塔の上のラプンツェル』（2010年）は、この考え方を示すCGアニメーション映画の好例です。

手描きアニメーションのベテランで、『塔の上のラプンツェル』のアニメーションスーパーバイザーであるグレン・キーンは、CGアニメーターが作ったイメージの上にタブレットで絵を描き、それらのポーズをより魅力的にするためにどのように手を加え、強調すれば良いかを示しました。彼の素晴らしいデザインセンスと伝統的なアニメーションの考え方が映画のルックを形成し、最初から最後までその影響が明確に現れています。『塔の上のラプンツェル』は、伝統的な『ルーニー・テューンズ』の短編映画のように明確なカートゥンスタイルでアニメートされていません。しかし、2D中心のアプローチの足跡を明らかに感じ取ることができます。

カートゥンスタイルのCGアニメーションでは、それがさらに明白で、キャラクターの歪みはメインカメラから見たときだけ正常に見えます。この考え方の真髄を掴んだとき、私は信じられないほど自由になりました。「あらゆるアングルでキャラクターがどう見えるか」に思い悩む必要はなく、主にメインカメラから見えるものにだけ意識を払えば良いのです。そして、メインカメラで正しく見えていれば、たとえ他の視点で完全に崩れていても問題ありません。

1つのカメラに対してのみ演技させれば良いので、その利点をフルに活かし、ポーズで嘘をつくことができます。とはいえ、カメラがほとんど固定されないスタジオやプロダクションにいる場合、このアプローチは使えません。特にビデオゲームでは難しいでしょう。映画風のカットシーンを除き、固定カメ

| デザインが動きを伝える | 3Dを2Dとしてアニメートする | インタビュー KEN DUNCAN | アドバイス |

1.5

ラはほとんどなく、アニメーションはあらゆるアングルで表示されます。固定カメラであることが確かに好まれますが、固定できないこうした例でも、カートゥンアニメーションを作れない訳ではありません。

1.5『ホートン ふしぎな世界のダレダーレ』(2008年)
ネッド市長はよくポーズを決めます。ポーズの曲線の質、特に左腕に注目してください。リグの標準のアニメーションコントロールで全体のポージングはできますが、ここで見られるような曲線を生み出すには、補助的、二次的なコントロールが必要です。このポーズは、作品の奇妙な美的様式に合うように、細心の注意を払ってデザインされています

CHAPTER 1
2Dで考える

1.6 『怪盗グルーの月泥棒』(2010年)
このイメージは、形状がいかに意味を持ち得るかを示しています。上半身に重量感があり、先細りの脚と左右対称のポーズが組み合わさることで、支配力と不安定さの両方が伝わってきます。ミニオンによって明らかに彼の神経は逆なでされ、冷静さが失われつつあります

抽象的な形状

カートゥンらしさを表現するときに役立ったのは、「キャラクターを腕・脚・首・頭などで構成されたものではなく、シンプルな形状、フォームとして考える」でした。なぜこれが重要なのでしょう？ それは、よりグラフィックセンスで物をとらえ、形状がどのように動きを伝えるかについて考慮できるからです。

垂直に伸びる長方形は安定感を感じさせ、まるでビルのように堅く固定された感覚を与えます。しかし、その長方形が一方向に傾いていたら、倒れつつあるような動きを暗示するでしょう。地面から離れ、縦に引き伸ばされた三角形は、宇宙に向けて発進するロケットのように、垂直方向の高速移動を感じさせます。このような思考モードに気持ちを切り替える簡単な方法は、キャラクターをシルエットで示すことです。そうすれば内側のディテールが排除され、図1.7のようにキャラクターの全体形状のみに集中できます。

このアプローチの有用性を理解するため、たとえば、キャラクターがキャノン砲から発射され、とてつもない速度で突進しながらスクリーンを横切っているところを思い浮かべてください。腕と脚が引き伸ばされた身体のシルエットの内側に押し込まれ、細長い矢のように見えるポーズにデザインすると、強烈なスピードを表現できます。形状が伸びれば伸びるほど、より速いスピード表現になります。そして、そのキャラクターが壁にぶつかり、縦方向に伸びてコントラストが生まれると、鑑賞者に強いインパクトを与えるでしょう。

1.7 Maya のシルエット表示
Maya でもキャラクターをシルエット表示できます。すべてのライト、背景のオブジェクト、セット（キャラクター以外のすべてのもの）を非表示にして、[7] キー（すべてのライトの使用）を押しましょう。すると、キャラクターが即座にシルエットになります。[6] キーでテクスチャ表示、[5] キーでシェーディング表示に戻ります

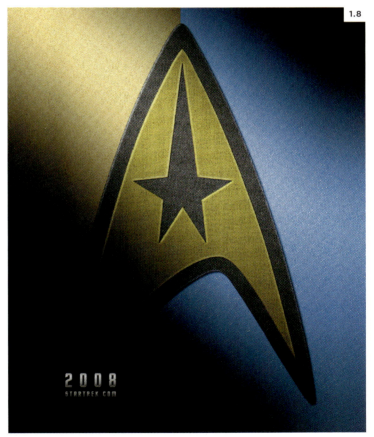

1.8『スター・トレック』(2009年) のティーザーポスター
宇宙艦隊の記章は、意味を持つ形状の一例です。垂直に尖った形状は上へ向かう軌道、すなわち人類が未知の場所へ勇敢に向かって行くという印象を与えます

CHAPTER 1
2Dで考える

すべてのフレームが重要です

多くのCGアニメーションソフトウェアと同様に、Mayaでもキーフレーム間を補間できます。通常、手描きアニメーションの用語で言うなら「インビトウィナー（動画）」に割り当てられる仕事です。ただし、熟練のインビトウィナーとは異なり、Mayaは弧（運動曲線）とスペーシング（間隔取り）を理解できません。愚直に計算してキーフレーム間のフレームを埋めるだけです。Mayaに任せると大幅に時間を節約できるので、楽をすることもあるでしょう。しかし、すべて任せてしまうと、キーフレームに長いイーズイン・イーズアウトができて、タイミングの感覚が失われ、掴みどころのない「ふわっとした動き」になってしまいます。

手描きアニメーションのインビトウィナーが行うように、CGアニメーションでもすべてのフレームを手動でコントロールする必要があります。適切な弧、オーバーラップアクション、堅実なタイミングのイン／アウトがすべてのキーフレームに必ず含まれるようにしましょう。では、すべてのフレームをアニメートする必要があるのでしょうか？ 中にはそういうケースもあります。特に短い時間で読み取るような非常に速いアクションでは、すべてアニメートすると良いでしょう。膨大な作業に聞こえるかもしれませんが、実際にそうなのです。カートゥンスタイルのアニメーションでは必要な考え方であると思います。

アニメーションのすべてのフレームをコントロールすることは重要です。個人的な事例を挙げると、『ルーニー・テューンズ』のCG短編映画『Daffy's Rhapsody』(2012年) でダフィー・ダックがエフマー・ファッドに撃たれる前に、はしごをかけ登る場面があります。私はたったの7フレームでこれを終えなければなりませんでした。もっとフレームを増やすようにお願いしましたが、すでに編集が決定していたので、それに合わせる必要があったのです。この場合、すべてのフレームが重要でした。私は身体のすべての部位に注意を払い、明確に動きが読み取れるように、すべてのフレームをアニメートしました。何度か修正し、スミアフレーム（大胆な変形を施したフレーム）の足を含ませて、それを実現しました。飽き飽きするような作業と思いますか？ もちろんそうです！ では、その価値はあるのでしょうか？ はい、絶対にあります！

チャレンジの機会を得られただけでなく、すべてのフレームがいかに大切であるかを新たに発見できたのは収穫でした。私たちが生きる1/24秒の世界、すべてのフレームで試行錯誤し、それぞれを正しく作ろうとするその時間は、ストレスが溜まることもあります。しかし、他に方法はありません。世界で最も無知なインビトウィナー（Mayaの自動補間）にすべて任せると、だらしのないヌルっとした混沌を生み出してしまうでしょう。手綱を自分の手に戻し、動きを制御してください。

| デザインが動きを伝える | 3Dを2Dとしてアニメートする | インタビュー KEN DUNCAN | アドバイス |

1.9『キャッツ・ドント・ダンス』(1997年)
すべてのフレームが重要です。『キャッツ・ドント・ダンス』をフレーム単位で観察すると、それがよく分かります。これは興行収入でいかなる記録も打ち立てていませんが、高く評価すべき作品です。美しくアニメートされ、学ぶ価値があります

インタビュー

CHAPTER 1
2Dで考える

KEN DUNCAN

Ken Duncan はアニメーションのベテランで、Duncan Studio のオーナーです。『美女と野獣』(1991年)、『アラジン』(1992年)、『ライオンキング』(1994年) など、ディズニーアニメーションの第2黄金期から多くのクラシック作品に貢献してきました。さらに『ヘラクレス』(1997年) のメグ、『ターザン』(1999年) のジェーンでスーパーバイジング アニメーターを務め、ドリームワークス・アニメーションの『シャーク・テイル』(2004年)では、CG アニメーションスーパーバイザーへと見事に転身しました。

Duncan Studio は、長編映画からテーマパークの乗り物、CM、iPad アプリなど、あらゆるものに携わっています。Ken は CG への移行、CG アニメーションの未来に関する自身の考えをアニメーションの学生と共有する時間を作り、有益な助言も行なっています。

Q. 手描きのアニメーターから CG アニメーターに転身したときのことを話してもらえますか?

私は常に CG をやりたいと思っていたので、2D の人が CG をやるように勧められるという「ありがちな」意味での移行はありませんでした。話は遙か昔に遡りますが、1982年に公開された映画『トロン』を見て CG アニメーションをやりたいと思いました。当時、私はアートハイスクールに通う学生で、フランクとオリーがちょうど『ディズニーアニメーション 生命を吹き込む魔法 ― The Illusion of Life ―』を出版した頃でした。私の出身地、カナダのオタワで開催されたアニメーションフェスティバルにフランクとオリーが招かれ、新しい本について講演し、『トロン』を終えたばかりのロバート・エイブル (同作の視覚効果を担当) を連れてきたのです。

私は CG スタッフとフランク、オリーを同時に見て、「このベテランの知識と、新たに台頭したこのスタッフが合わされば最高じゃないか！」と思いました。いつの日か、コンピュータで実現できる新たな素晴らしいスタイルを思い浮かべたのです。CG だけでなく、フランクとオリーによるアニメーションキャラクターの演技スタイルを学びたいと思ったので、シェリダン カレッジで 2D を勉強することにしました。そこで初めて開講された CGI のクラスも受講しましたが、それは夜間クラスで、当時はまだ基本的なベクターシェイプしか作れず、フル CG の制作はできませんでした。受講していたのは、トロントのプロのグラフィックデザイナーがほとんどで、アニメーションのプログラムを受けていたのは少数だったと思います。私は常に CG を探し求めていました。

最終的にディズニーに辿り着き、伝統的なキャラクターの演技を学びました。しかし、それは私にとって 2D、3D (CG) という問題以前のものでした。キャラクターの演技は、ツールとは関係ありません。「どんなストーリーか」「どんな性格か」「長編映画のストーリーにどのように組み込めるか」「どんなリズムか」「どんなポージングか」など、人々を観察することが鍵となります。その後、手描きかコンピュータでそれを適用します。私の考えでは、これがコンピュータを使う前に、まずアニメーターとしてやらなくてはいけないことです。

もし、私が誰かに何かを教えるのであれば、それらの伝統的な原則、つまり「タイミングとは何か」「重量感とは何か」「現実を観察すること」「どんな性格か」「人物の心理はどうなっているか」「それらが他の人間にどのように関わるか」「それらがストーリーにどのように組み込まれるか」について話すでしょう。スプラインカーブについて解説し、

1.10『シャーク・テイル』
(2004年)
Ken Duncan にとって CG は新しい世界でした。それでも彼は、『シャーク・テイル』のアンジーをアニメートする際、2D アニメーションのスキルの導入を試みました

そのテクノロジーにこだわる前に、伝統的なことをたくさん話すでしょう。

ディズニーに話を戻すと、CG への移行が進みつつあったとき、私はそれをもっと追求したいと思ったので、自分自身の短編映画を作り始めました。そして、モデラーとリガーをスタジオから雇い、自分自身もさらに学んでいました。CG を始めるため、継続的に学ぼうとする強い意志を持っていたので、「業界がその方向に進んでいるから、勉強しなくては」と感じたことはありません。CG は私が常にやりたいことだったのです。

Q. 手描きから CG に切り替えるときに使ったツール、テクニックついて話してもらえますか？

ディズニーにいたとき、Oskar Urretabizkaia が 2D の方法論と非常に似たツールおよび作業方法を開発しました。ドローイングではありませんが、CG アニメーションにおけるタイミングのとり方、スペーシングの適用方法に関するものでした。彼から説明を受けた私は、すぐにこの方法論でアニメートしてみました。

当時、ドリームワークスがグレンデールで最初の CG 映画に着手し、そのプロデューサーは、元ディズニー、ILM（インダストリアル・ライト＆マジック）の Janet Healy でした。彼女は、私が CG スタッフとして制作していることを聞きつけていました。CG プロジェクトを推し進める集団のスーパーバイザーとして、キャラクターアニメーターの経験がある人々を招き入れようとしていたのです。彼女から面接を持ち掛けられた私は、結果として、『シャーク・テイル』(2004年)のキャラクターパイプラインの組み立てを手伝うため、Oskar と一緒にディズニーからドリームワークスへ移籍することになりました。ディズニーで開発していたツールのいくつかは、ドリームワークスでも開発を続けました。

インタビュー

CHAPTER 1
2Dで考える

Q. ということは、『シャーク・テイル』が最初に手がけたCGアニメーションですか?

はい。『シャーク・テイル』で初めて本格的にCGアニメーションに携わり、手描きのアニメーション映画のようなアプローチを懸命に試しました。私はレニー・ゼルウィガーが演じる「アンジー」を担当し、実際にマネージメントするように努めました。スーパーバイザーとして、主に彼女が関わるシーケンスに携わり、他のキャラクターがいる場合は別のクルーに担当してもらって、互いに掛け合いのようなことをしました。私がアンジーをアニメートする間、そのクルーはウィル・スミス演じる「オスカー」をアニメートしました。ショット内のすべてを手掛けるというよりも、役者たちが互いに掛け合いをするように制作しました。

私はタイミングツールでアシスタントと共に作業を進めました。それは2Dの作業に近い方法論です。たとえば、ポージングは2Dのドローイングとほぼ同じように考えます。ポーズをつけ、ディテールを作り込まずに個性に合ったタイミングを設定。それを監督に見せてフィードバックを貰い、修正します。私たちは予めドープシートツールにポーズを送り、タイミングを合わせていました。つまり、シーンを見せるときは、タイミングを合わせたポーズと共に見せていたのです。これは「描いたものをスキャンしてタイミングを合わせる→監督に見せる→指示に沿って修正する」という伝統的な手法と似ています。

作業およびクルーとの連携では方法論をすでに確立していたため、私たちのやり方はとても上手くいきました。そして、私の下にいたアニメーターを状況に応じてキャスティングできました。アクションを得意とする人もいれば、柔らかな動きやスペーシングが得意な人もいます。後者には、少女のキャラクターのソフトな動きを割り当てるでしょう。システムが構築されていたおかげで、私たちのユニットはとても速かったです。1つのショットで、とりあえず5つのバージョンを作り、どれがしっくりくるか見るようなことはしません。

「ショットにそのキャラクターがいる理由はこれだ」「この動きはストーリー中のこのシーンのこと」「このようにして組み込まれる」と具体的に伝えるように努め、アニメートを始める前に、計画することを心掛けています。アニメーターは自分の担当するキャラクターについて互いに話し合い、「スクリーン上で何かを動かすだけの1シーン」として見ることはありません。私たちはシーンについて深く考え、文脈を理解し、監督と会話して、アニメートする前に膨大なリサーチを行いました。それによって、人が望むものを頑張って予想しながら、何度も作り直すことを避け、時間を大幅に節約できたのです。

Q. 今後、どのような方向性のCGアニメーションを見てみたいですか?

2Dの1つの利点は、さまざまな人たちがそれぞれの方法を持ち、そこには痕跡が残ることです。たとえば、ドン・ブルースやグレン・キーンは特有の描き方をしています。ひと目見て、「あぁ、これは彼のスタイルだな」「あれは彼の映画だな」という感覚があります。ワーナーブラザースはディズニーと異なるユニークなスタイルを持っていたので、独自のルックとスタイルで、違いを出すことを常に試みていました。

一方、CGに関しては残念ながら、皆が似たようなことを学んでいます。同じようにアニメートする

方法、同じようにモデリングする方法を学んでいるのです。テックス・アヴェリーのアニメーションスタイルは非常に個性的です（CGの世界においても）。その領域へ到達するには一層の努力が必要で、そこまで突き進めたものはあまり見かけません。アーティストは特有のポージング、タイミングの方法を理解する必要があります。中にはそのような手法で作られた映画もあるでしょう。しかし、制作スタジオが人にユニークさを要求することはほとんどありません。

1億5千万ドルの興行収入を上げる映画には、多くのものがのし掛かり、商品を制作して完成に持っていくことがすべてです。限界を突破するのは、大抵、小さな独立系プロダクションです。私が学生や独立系プロダクションの短編映画を好む理由は、大手スタジオよりも限界を突破する傾向にあるからです。彼らにはあまり制約がなく、興行収入を獲得するというストレスもありません。

Q. CGはスタイルとして失速したと感じますか？

私はCGでできることがまだまだあると思います。そのテクノロジー、ライティング、レンダリングによって、イラスト風スタイルから超現実的なスタイルまで、大きな可能性を秘めています。

これまでと違った方法を追求できるように、創造性と自由度を高められるリグをアーティストに要望し、それぞれのユニークなルックを試してみると良いでしょう。現在の多くのCGプロダクションで見られるように、それは必ずしもネガティブなことではなく、むしろポジティブな見方をしています。あるアニメーターが大胆なポーズを追求し、もう1人はそうではなかったとしても、それで問題ありません。それがその人の個性であれば、能力の独自性を現場で活かせるようなコンテンツ作りを模索するのも良いでしょう。それによって人間らしさが生まれ、工場のようなアプローチで映画制作を行うことはなくなります。

アニメーションの初期、1920年代を振り返ると、アニメータは皆、工場ようなアプローチを模索していました。その頃のアニメーションは、25セント硬貨で頭を描いても良いので、とにかくどんどん作り出されました。そして、すべてが似たようになり、同じに見えました。実際、1920年代前半のアニメーションは実にたどたどしく、1920年代後半でも、大衆芸術と言えるようなものではありませんでした。

そんなときにウォルト・ディズニーのような人物が現れ、この芸術形式をもう1つ上のレベルに押し上げようと言い、常に周りと違うことを実行していきました。ディズニーのアプローチやルックを真似よとは言いませんが、いつも何か違ったことに挑戦する彼の感覚は、まさにアニメーションの未来を見据えるための手立てとなります。まだ、誰もやっていないことに取り組む考え方を、ぜひ取り入れてください。そして、スタッフが自分自身で新しいことを学び、追求する方法を考えられるように、積極的に背中を押すことを心掛けてください。

> そのテクノロジー、ライティング、レンダリングによって、イラスト風スタイルから超現実的なスタイルまで、大きな可能性を秘めています

Ken Duncan

インタビュー

CHAPTER 1
2Dで考える

Q. アニメーション演技についてどのような考えを持っていますか？

実写映画を見ると、人物が台所で何かをしていたり、スーツケースに荷物を詰めていたりします。しかし、その行動はより奥深いことを物語っています。これから出かけるのかもしれないし、あるいはスーツケースに荷造りしている間に、母親がやって来て、会話が始まるのかもしれません。それこそが映画になくてはならないもので「人物を表現する重要な瞬間」になります。よくある「2人の人物が立って会話している」という、退屈な演技ではありません。

そして、その空間で彼らが互いに歩き回り、できるだけ離れようとしたり、顔を合わせないようにするなどの演技を振り付けることができます。しかし、アニメーションでシーケンスを作っているとき、こうした類の会話を聞いたことがありません。私たちは「どのようなリズムになり」「どのような文脈があり」「なぜキャラクターは顔を合わせないのか」といった会話をしません。

『シャーク・テイル』でウィル・スミス演じるオスカーについて、自分を偽るキャラクターだと思いました。しゃれた自信家として演技を付けられていますが、不安定なところが多々あります。彼は大物になることが夢で、相手を騙すタイプでした。ということは、話をするときに避けようとするはずです。実際、会話中に頭を逸らし、周りを見て、目をあまり合わせないようにします。しかし、物語の後半で、アンジーが感情的にオスカーと向き合うとき、彼はショックを受け、自分がとても酷い性格だったことを理解します。彼の仮面が剥がれ落ちる瞬間であり、そこから、彼女と真摯に向き合おうとするのです。

このように、演技は早い段階で決断しなくてはなりません。それによって、決まった形で最初から描かれることになります。私はオスカーの性格と、それをいかに演技で伝えるかを念頭に置き、もう少し面白いキャラクターにするための方法を考えました。私はキャラクターをアニメートするとき、今まで会った人々や、経験したこと、自分自身が成し遂げたことについて考えるようにしています。アンジーをアニメートするときは、誰かと議論している状況を考え、自分がとても馬鹿なことを言ったときの相手の反応を思い浮かべました。そして、そのような個人体験をアニメーションに取り入れました。

Q. この業界に入る学生にどのようなアドバイスを贈りますか？

常に自分を役者、パフォーマーとして考えなければなりません。コンピュータのことは忘れましょう。学ぶことは大事ですが、自分のユニークな部分を活かしてください。それはあなたが知っている知識から出てくるものです。世界や歴史、その他さまざまな種類の本を読みましょう。そして、外に出て、いかに多種多様なタイプの人々がいるかを体験し、あらゆることを楽しんでください。人生にネガティブなことがあったとしても（そのようなことは常にあります）、それらは人生の一部に過ぎません。あらゆることをポジティブに描くため、自分にできることをします。そうすれば、アニメーションに何かユニークな要素を持ち込めるでしょう。

ディズニーにいた頃、ランチタイムの小さな講演で、バスター・キートン、チャーリー・チャップリン、ハロルド・ロイドを上映しました。私は個人的に無声映画が好きですが、この3人についてそれぞ

れ面白いと思ったのは、いずれも異なる方法で演技し、独自のやり方で大きな成功を収めていることです。人の演技を完全にコピーするようなことはしていません。実際、ハロルド・ロイドはキャリアの初期にチャーリー・チャップリンをコピーしようと試みましたが、まったく上手くいきませんでした。そこで、彼は当時起こっていたことを風刺するため、自分が信じる独自の個性、性格を見つけなければなりませんでした。多くのアニメーションでも同じことが言えます。それはある種の風刺なのです。

長編映画でその感情的な側面をとらえることができたなら、大きな糧になるでしょう。それは単なるギャグのことを言っているわけではありません。私たちは基本的に長編映画で「ストーリーテリング」を人々に示そうとしているのです。ある状況に陥ったとき、「こうすれば解決できます」といった風に、人生の問題に対処する方法、若者への道しるべです。それがあらゆる映画の本質であり、ある意味、道徳劇とも言えるでしょう。悪者には同調できなくても、「なぜそのような行動をとっているのか」を理解しなければなりません。それが人間のふるまいを真に理解するということです。悪者が若い頃、何者かによって嫌な思いをし、復讐するようなストーリーはよく描かれています。

『Mr. インクレディブル』（2004 年）でブラッド・バード監督が行なったことを見てみましょう。この映画の悪者は、人々から賞賛されることを心から願っていました。彼はスーパーヒーローになりたがっていますが、人々を助けるためでなく、栄誉を得るためです。自分にはその価値があると感じていたのです。悪者は通常、ヒーローと同じ願望を持っていますが、誤った理由に基づいています。そこに道徳劇が組み込まれているのです。それは物語の二面性で、悪の面は誤った生き方、善の面は正しい生き方であり、映画で私たちがまさに行なっていることです。

アニメーションを追求する中で、自分の取り組むべき真の理由が見えてきました。私の場合、それはキャラクターのストーリーを伝えることでした。どのようにキャラクターをこの道徳劇に当てはめ、どのように自分の才能を使ってキャラクターを形にできるかということです。もし、調査することに興味がなく、人間の個性に興味がなく、一生懸命に仕事に取り組めないなら、この業界は向いていません。多くの人々が、簡単に儲けられると思ってこの業界に入ってきます。ある場所から別の場所へ物を動かすだけでも、しばらく仕事はあるでしょう。しかし、どのくらい長く業界で続けられるかは分かりません。

CG ソフトウェアは身近になり、誰でも操作できるところまで来ています。子どもでもアニメーション映画を作れるのです。これは驚くべきことです。講義でも言いましたが、アニメーション界の「ジャスティン・ビーバー」がいずれ現れるでしょう。キャラクターの演技とストーリーテリングの天才が現れるとしたら、それは子どもたちであり、何人かの仲間と安価な映画を作り、大きな人気を得ることでしょう。

となると、皆さんはどうやってそれに対抗しますか？ 私の答えは、**演技の観点から見て、着実なアニメーションを作る**です。

| アドバイス | **CHAPTER 1**
2Dで考える |

各章の終わりでは、その章に出てきたトピックを補強する上で役立つ、
何らかの行動を呼びかけています。
最初は一目で分かる簡単なカートゥンです。
好きな映画をデザイナーとして、レンズを通して見てください。
音声を切ると、純粋にビジュアルのみに制限できます。
キャラクターがどのようにデザインされているか、
それが動きにどう影響しているかを見てください。
作られた形状やフォーム、そして直感的・感情的なレベルで
それらが何を伝えているかを見てください。

CGアニメーション映画を鑑賞するのなら、3Dの世界で作られていることを忘れて、すべて2Dの平面に存在するドローイング、ペインティングとして見てください。また、先に進む中で、速めのアクションシーンをフレームごとに紐解き、創意に富んださまざまなテクニックを確認しましょう。マルチプルリム（複数の手足）、スミアフレーム、モーションライン、スタッガ（震え）を見てください（CHAPTER 6で解説）。PC上で見ているのなら、スクリーンショットを撮影し、インスピレーションと将来のリファレンスのために保存しましょう。手描きアニメーション映画も、これらのテクニックが広範に使われているのでお勧めです。

カートゥンテクニックが豊富に活用されている映画を以下に挙げておきます。最初にお勧めするのが『ドーバー・ボーイズ』（1942年）です。スミアフレームの使い方は注目に値します。本当に驚異的です。

2番めは『キャッツ・ドント・ダンス』（1997年）です。これは美しくアニメートされた映画で、ワーナーブラザースのキレの良さとディズニーの洗練さを併せ持ち、マルチプルリムとスミアが多用されています。

3番めは『アラジン』（1992年）です。ジーニーの素晴らしい流動的なアニメーションとマルチプルリム、そして主にジーニーやアブーでも見られる歪みが見どころです。アラジンが驚くほど歪んだスミアで描かれる、数少ないシーンの1つを見つけてみましょう。

最後は『ルーニー・テューンズ』やテックス・アヴェリーのアニメーションです。多くのカートゥンテクニックが実演され、その良さが詰め込まれています。時間をかけてアクションをフレームごとに見てみると、大きな驚きやインスピレーションを得られるでしょう。

CHAPTER 2
アニメーション計画

新しいシーンを始めるということは、爽快であり、同時に恐ろしい経験とも言えます。爽快な理由は、白紙の状態から始めることができ、人々の記憶に残るものを作るチャンスだからです。実際にアニメーションで生計を立てている私たちにとって、それは素晴らしいことではありませんか。恐ろしい理由は、ショットを台無しにして、自分の無能さを監督に露呈するかもしれないからです。私の知るかぎり、これは多くの人が共有する恐怖感です。作業に取り掛かる前にショットを計画しておくと（ソファに座ってシーンを思い描くだけでも）、この恐ろしい経験を回避するのに役立つでしょう。もちろん、すぐにMayaに着手して、上手くいくこともあります。素晴らしい成果を上げられる可能性だってあるかもしれません。

しかし、アニメーターは素晴らしいシーンになることを毎回期待しながら、偶然に頼り続けるわけにはいきません。キーフレームを1つ設定する前にやるべきことを把握してください。それが、素晴らしいシーンとありきたりなシーンの分かれ目になります。私はこれまで10年間アニメーションに携わり、その期間中に作成した尺は、おそらく20分程度です。しかし、その期間で本当に満足できたのはたった2分程度です。その2分では、Mayaの作業に入る前にある程度の計画を行いました。計画が素晴らしいシーンを保障するわけではありませんが、その可能性を大いに高めてくれます。監督と鑑賞者は、最高のものを享受する権利があります。したがって、私たちはこの計画段階を飛ばしてはいけません。

ここで言う「計画」とは、基本的にさまざまな選択肢を模索し、最良のものを選ぶことです。通常はサムネイルドローイングと実写リファレンスの組み合わせになります。ここではカートゥンアニメーションの計画手法と、それが作品に与える大きなメリットを解説します。本書は主に動きの仕組みを取り上げていますが、アニメーション演技の現状と、それがカートゥンアニメーションにどう関連するのかも考察します。最後に、アニメーション『ブラインドデート』で用いた計画を紹介し、制作の初期段階を実践します。

CHAPTER 2
アニメーション計画

サムネイル

サムネイルはシンプルな予備スケッチです。短時間で多くのアイデアを試すのに最適で、あらゆるアニメートされた演技において、重宝するツールです。では、誇張された演技を作るとき、サムネイルの明らかな利点は何でしょう？

カートゥーン調の動きの本来の意図は、実際よりも大げさな表現、自然や現実の誇大解釈です。サムネイルの強みは、それ自体が本質的にクリエイティブな試みであり、想像力を引き出すため右脳を働かせてくれます。その結果、自然界の枠組みにとらわれることなく、完全にオリジナルの面白いアイデアを生み出せるのです。このため、サムネイルはカートゥーン調のショットを計画するときに、とても頼りになります。

多くのアニメーターはビデオリファレンスから始め、それに基づいてサムネイルを描きます。しかし、サムネイルから計画を始めると、純粋に想像の世界からシーンに取り組むことができます。さっそく、さまざまなアイデアを試してみましょう。白紙をじっと見つめて行き詰まったら、描く前に目を閉じて頭の中でシーンを再生し、ポーズや動きを思い描いてください。おそらく、使い古された表現にとらわれていると思うので、この段階でアイデアを評価してはいけません。そういったものは、頭の外へ出してしまいましょう。単純にそれらを紙に描くだけで、次へ進むことができます。たくさんの数を描き、クイックサムネイルでページ全体（あるいはそれ以上）を埋めてみましょう。ディズニーアニメーションの伝統的な人物であるミルト・カールは、1つのアイデアに対して何十ものバリエーションを作り、それを表現する最善の方法を探りました。私たちもアニメーションの達人である彼の手法を真似するのが賢明でしょう。

2.1 アクションライン
これは、ブルースカイ・スタジオの『ホートンふしぎな世界のダレダーレ』（2008年）に出てくるホートンのイメージで、誇張したカートゥーンポーズの好例です。アクションラインは身体を走り、脚の方に向かう様子がはっきりと見てとれ、ポーズにある種の流れを生み出しています

2.1

2.2
2.2 サムネイル
キャラクターの熱意を表現する最善の方法を見つけるため、サムネイルを12以上描きました。「腕を完全に空中に伸ばしたありがちなポーズ」を超越したものを考え出そうとしています。このプロセスはわずか数分で済みますが、作品の質を大きく向上させるでしょう

高度な棒人間

描くときはシンプルさを保ち、ディテールにとらわれないでください。クローズアップショットで顔の表情を検討する場合を除き、顔は描きません。指についても同様です。「絵を描くスキルがないからサムネイルを描かない」と結論づけてはいけません。私はサムネイルを「高度な棒人間」と考えています。棒人間は誰にでも描けます。単純さが鍵であり、アイデアを伝えるのに多くの線を必要としません。

ほとんどのサムネイルは、アクションラインを中心に描きます。この想像上の線はキャラクターの中を通り、動きの感覚を作り出します。キャラクターが直立している場合を除き、アクションラインは通常C字型のカーブを、たまにS字型のカーブを描きます。次に、その周囲に残りの部分を作成(頭の円と身体の側面を脚まで走る2本の線を描きます)。また、両腕を下ろす/高く上げる場合を除き、1本の線で両腕全体を表すこともあります。描くストローク数を削減することによって、描画が速くなり、キャラクターの中に流れやつながりが生まれます。また、このように作業すると、区分して描くアプローチを回避できるので、解釈しやすいリズム感や調和がサムネイルに生まれ、ポージングに上手く変換できます。

ミッション インポッシブル

サムネイルでは感情を豊かに表現しましょう。ポーズは大きく誇張し、アクションラインをどこまで大げさに描けるか試します。ポーズの誇張に加えて、アイデアを膨らませる機会も探しましょう。制限するものは自分の想像力だけです。物理的に可能なものだけをサムネイルに描いてしまい、現実的にならないよう心掛けましょう。

『ルーニー・テューンズ』に登場する鳥のキャラクター、トゥイーティーは、頭が大き過ぎて、ほとんど空を飛べません。しかし、彼が小さな翼を羽ばたかせて飛んでも、違和感はありません。また、同作品のワイリーコヨーテが崖から飛び降り、本人が気づくまで重力の法則に逆らって空中に浮いていても、私たちは疑いを持ちません。非現実的ではあるものの、それがその世界を支配している法則なので、十分に信憑性があります。

カートゥンアニメーションにおいて、リアリティを要求すればするほど、信憑性を損なうリスクが高まるでしょう。アニメーション映画制作では、法則を試したり曲げたりできますが、これは私たちに与えられた素晴らしい特権であり、機会なのです。

CHAPTER 2
アニメーション計画

ビデオリファレンス

「自分自身を録画する」「映画で素晴らしい演技の場面を研究する」「1フレームごとの動物の歩行を分析する」など、ビデオリファレンスはアニメーション計画に多大な影響を与えます。多くのアーティストにとってビデオリファレンスは、ポーズのキーを設定する前に、シーンを視覚化する主な手段となっています。最高のショットを編集してつなぎ合わせると、それがキャラクターの演技の選択や動きの身体的特徴の土台となります。昔は「下手なアニメーターが頼りにするもの」という悪い印象でしたが、今では便利なツールとして、業界でも広く受け入れられています。これについて、ミルト・カールが面白い解釈をしています。

「実写をリファレンスに（本当にリファレンスだけに）使用することは良いことだ。実際に、私は『ジャングル・ブック』(1967年) でそれを使用した。使い方は、もう必要ないと思えるほどよく研究することである」—— ミルト・カール、『ディズニー・ファミリー・アルバム』(1984年)

私たちは重力に縛られているため、物理法則から逃れることはできません。しかし、その法則に逆らうアニメーションスタイルに携わるとき、リファレンスの使用に関するアニメーションレジェンドの意見とその便利さをどうやって両立させますか？私ならまずリファレンスを使わずに作業を始め、次に自分の演技の質を模索します。そして最後に、ビデオリファレンスを効果的にカートゥン調に変える方法を検討するでしょう。

リファレンスを使わずに始める

ビデオリファレンスを使わずに、大部分のキャラクターアニメーションや大げさなカートゥンアニメーションを作成するには、身体的な動きをそっくりそのままコピーします。

実物から動きを正確にコピーすると、どこか違和感があります。その主な理由は、タイミングとスペーシングが均一になり、アニメートされたキャラクターに適用すると不自然に見えるためです。キャラクターのプロポーションが現実に即しているのならあまり目立ちませんが、カートゥン調のキャラクターに適用するとひどく目立ちます。当然ながら、誇張されたキャラクターは動きも誇張されるべきです。私たちの目標はリアリズムの追求ではなく、信憑性の追求です。小さな差異に思われるかもしれませんが、この2つの間には大きなギャップがあります。

2.3 アニメーション計画
Ricardo Jost Resende は、計画を通じて、微妙な変化でも意味があることを実証しています。ビデオリファレンスに基づいて、サムネイルの絵にわずかな変化を加えた結果、ポーズが誇張されて、よりダイナミックなジェスチャーになっています

あなたは演技できますか？

演技の選択をサポートするため、自分自身を録画したビデオを使用する場合、その演技力について残酷なまでに正直でなければいけません。「自分の芝居を演技の土台にすると、そのアニメーションは元の素材と同程度の質にしかならない」とを覚えておきましょう。感情表現が本当に豊かで面白く、独創的な演技のビデオリファレンスを見たことがあります。その一方で、とても見苦しくてダメなものもあります（私自身が制作したビデオリファレンスのほとんどを含め）。

その原因の一端は、単純に経験です。経験を積むほど、カメラの前で自然にふるまえるようになります。自意識過剰の演技は大抵下手な演技です。もちろん、カメラの前に立つよりも、鉛筆を使ったほうが上手く演じられる人もいるでしょう。

しかし、そういうタイプに当てはまる人でも、ビデオリファレンスを録画する価値は大いにあると思います。普通では考えつかないような選択肢など、本当に面白いサプライズが起こったり、他のアイデアのたたき台にもなることもあるでしょう。苦手なら、手伝ってもらうという選択肢もあるかもしれません。スタジオであれ教室であれ、完全にカメラ慣れしていて、喜んで助けてくれる人がいるはずです。家族についても同じことが言えます。友人や家族の中に、おそらく暇な人がいるでしょう。

カートゥン調に変える

カートゥンキャラクターには、先入観がつき物です。何十年にもわたるアニメーションの歴史を通じ、そのふるまいや動作に対する特定の資産が育まれてきました。そうは言っても、規定の動きの範囲に縛られているわけではありません。それらは多種多様で無数の可動域を模索することができます。しかし、結局ありふれた動きになってしまうリスクもあるので、目に見えるものだけに縛られてはいけません。ビデオリファレンスにとらわれ過ぎて、あらゆる選択肢を制限しないように注意が必要です。

では、どうやってそれを防ぎますか？

お勧めの方法は、ビデオをスクラブして、ストーリーテリングや極端なポーズを探すことです。スクリーンショットを撮影してその上に絵を描き、ポーズの本質を見つけたら、それを抽出・誇張して核となるアイデアに迫りましょう。それができたらひとまずビデオリファレンスから離れ、上に描いた絵を調整していきます。同じアイデアをさまざまな方法で表現し、独創的で面白いサムネイルを新たに作成します。

理想は、情報を分析・解釈する左脳思考から、クリエイティブな探究活動を行う右脳思考へと変化させることです。これにより、興味深いアイデアが生まれ、Mayaを使い始めるとき、しっかりした土台になるでしょう。

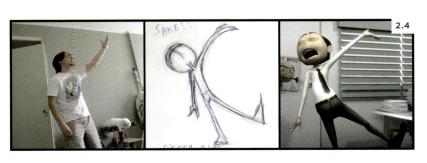

2.4 ポーズを誇張する
Ricardo Jost Resende のもう1つの計画例です。今回はビデオリファレンスでとらえたものよりもカートゥン調を強調したポーズになっています。Ricardo のプロセスについて詳しく知りたいなら、本章で紹介されているインタビューを参照ください

CHAPTER 2
アニメーション計画

アニメーション演技

カートゥーン調のアニメーション計画について論じるとき、身体力学やキャラクターの身体を使った動きの考察に多くの時間が費やされます。それが本書の主な焦点ですが、演技とカートゥーンアニメーションにおけるその役割にも少し時間を割きましょう。

アニメーターは、「鉛筆を握った俳優である」と言われてきました。しかし、デジタル時代では「マウスを持った俳優である」と言った方が適切でしょう（まったく違うイメージを呼び起こしますが…）。いずれにせよ、アカデミー賞に値する演技と結びつかないアニメーションスタイルに携わっているとしても、演技を軽視すべきではありません。

どのようなスタイルであっても、アニメーションは生命を吹き込むアートです。生き物であるという錯覚を生み出すには、思考能力と感情が欠かせません。そこで必要なのが演技であり、それによって有意義な形で鑑賞者の共感を得られるのです。アニメーション演技をより深く理解するため、カートゥーンと関連のある演技スタイル、キャラクターを発展させて深みを加える方法、そしてありきたりな演技の例などを考察しましょう。

ポーズを誇張する

アニメーション演技は主に「ブランド以前」の時代で止まったままです。マーロン・ブランドが普及させた「メソッド演技法」によって、演技は自然で繊細なものへと急速に変化しました。しかし、彼が映画界に多大な影響を与える前の演技というものは、もっとジェスチャーがオーバーで、時には大げさ過ぎることもありました。それはどちらかというと、後列の席でも分かる舞台俳優の演技（演劇）のようでした。もちろん例外もありますが、一般的にアニメーションはこういったスタイルと同じで、マーロン・ブランドよりもチャーリー・チャップリンに通じる演技を目にする方が高いでしょう。そして、大抵の場合、観客はこれに満足しています。

誇張されたデザインによって、演技の自由度（あるいは鑑賞者からの期待）が上がります。大げさな演技は、必ずしも演技過剰を意味しません。ドナルド・ダックがカッとなるときは、もちろん大げさに誇張されていますが、決して偽りではありません。彼の性格は怒りっぽいので、真実味があります。このため、私たちは正直でありながら、誇張することができます。すべては、キャラクターの性格に由来します。

2.5 チャーリー・チャップリン
アニメーションを勉強する熱心な学生だった私は、1人の講師の影響でチャーリー・チャップリンに興味を持ちました（これは理にかなっていました）。純粋にジェスチャーを通じて鑑賞者の理解を得ようとしているアニメーターにとって、彼のクリエイティブで巧みなアイデアと大げさな身ぶりの演技スタイルは、常にインスピレーションの源となっています

2.6 マーロン・ブランド
マーロン・ブランドは、演技というものをこれまでにないほど洗練させました。アニメーションは、彼が広めた近代的なメソッド演技のスタイルよりも、舞台俳優の演技と密接な結びつきをもっているようです

2.7 『パイレーツ・オブ・カリビアン デッドマンズ・チェスト』(2006年)
ジョニー・デップ演じるジャック・スパロウ船長は、主にロックギタリストの伝説的人物、キース・リチャーズがモデルとなっています。その演技は独創的で面白く、見事な判断によって表現されています
© 2006 Disney

キャラクターを作成する

アニメーターはアニメーションリールに「キャラクターアニメーター」という肩書を付けます。これは「プロップや背景ではなくキャラクターをアニメートしている」という理由だけでしょうか？ 私はもっと深い意味があると思います。本当にキャラクターをアニメートしているならば、個性的な性格と明確な特徴があるはずです。キャラクターは息をしている生き物であるという事実を認識するべきです。

友人が遠くにいても、その歩き方だけで判別できるように、私たちがアニメートするキャラクターには独特で識別可能な性質や特徴が必要です。身体的特徴（背が高い/低い・細い・丸いなど）はその動きに影響を与えますが、キャラクターの性格も同じくらい影響力があります。ほとんどのプロダクションでは、監督やキャラクターリードがキャラクターの性格を事前に決めるので、アニメーターの仕事はそのキャラクターに合った演技を確実に選択することです。

制作中の短編映画であれ、学校のアニメーションの課題であれ、自分が監督している作品ではもっと自由度が高いので、それを大いに活用し、計画段階でキャラクターの性格をじっくりと考えましょう。その生い立ちや経歴を作るのは良いアイデアです。うってつけのアドバイスは、まず知人から始めることです。破天荒な伯父や有名人でも良いでしょう。そこから盗んでも大丈夫です。キャラクターを自分の物にし、ステレオタイプは避けましょう。

『パイレーツ・オブ・カリビアン』(2003年) でジャック・スパロウ船長役を模索していたジョニー・デップは、至る所で「ウォーッ」とうなるステレオタイプの海賊を演じることもできました。しかし、それだと表面的でありきたりな性格描写になったでしょう。代わりに、彼はローリング・ストーンズの有名なギタリスト、キース・リチャーズの仕草を手本としました。以下はジョニー・デップの言葉の引用です。

「18世紀の海賊たちについての書物を読んでいたとき、彼らがロックスターに似ていると思ったんだ。そこで、"史上最も偉大なロックンロールスターは誰だろう"と考えたとき、それがキースだったのさ」
— ロサンゼルス・タイムズ (2003年)「ディズニー、初のPG-13指定で純真さを失う」

デップは海賊について独自の解釈を生み出したおかげで、印象的な演技を見せました。それは大げさな演技で誇張された人物像ですが、真実味があります。ショット計画では、まずキャラクターの性格を考えます。具体的であればあるほど良いでしょう。これによって、演技の選択に大きな特徴が加わります。

CHAPTER 2
アニメーション計画

使い古されたアニメーション

繰り返し使われるポーズがいくつかあります。アイデアを伝えるためには、この使い古されたジェスチャーの泉を利用することもあるでしょう。以前「キャラクターが過去の出来事を思い出そうとするシーン」をアニメートしたとき、「考える人」のポーズを絶対に使わないと心に誓っていました。そして、まったく異なるポーズを思いつき、「考える人」を使わなかったことに満足していました。ところが、デイリーの最中に、監督から「考える人」を使う必要があると言われたのです。当初は反論したものの、そのショットが比較的短いため、キャラクターが考えているということを素早く伝える必要があると気づかされました。「考える人」はそのショットの条件にぴったり合っていたわけです。とはいえ、一般的にはこれらのポーズを避けた方が無難です。

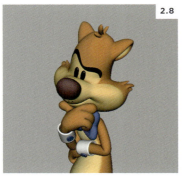

2.8「考える人」
ロダンの彫刻によって広められたこのポーズは、キャラクターがじっくりと考えているときに見られます。顎をなでて目をキョロキョロすると、さらに深い思案になります

2.9「名案」
指を立てる＋眉を上げる＝名案となります。キャラクターの頭上に電球を配置するのと同じ効果です

2.10「指さし」
「名案」のポーズによく似ていますが、「指さし」は鑑賞者に何かをよく見て欲しい状況にうってつけです

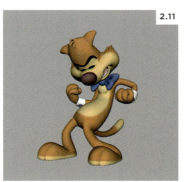

2.11「ガッツポーズ」
「ガッツポーズ」は自画自賛のポーズです。勝負事で多用すると「あなたとはもう友達でいたくない」と相手に思われてしまうでしょう

2.12「腕つかみ」
「腕つかみ」は、遠慮や不安感を表現するのに最適なポーズです。女性キャラクターの場合、ほぼ必ず、使い古された「髪を耳の後ろにかける」ジェスチャーを伴います

2.13「Wのポーズ」
Wの文字に似ていることが由来のポーズは、キャラクターが自信が持てないときや、アニメーターがどのポーズを使用すべきか分からないときに便利です

2.14「首をさする」
『ジャングル・ブック』のバルーが行なったときは素晴らしかったのですが、それ以降何度も使われているため、その効果が失われてしまいました

2.15「耳を傾ける」
「ねえ、何かが聞こえるよ」。それは鑑賞者の不満の声です

2.16「3点着地」
「3点着地」はカートゥンよりも、アクション大作映画でよく見られます。とはいえ、4点着地、2点着地では野暮ったく見えるでしょう

2.17「下まぶたがピクピク動く」
「下まぶたがピクピク動く」は下まぶたに限定されている動きのため、ポーズとは見なされません。それでも、キャラクターがあぜんとしたり、強い痛みを感じたりするときによく現れるので、紹介しておきます

プロのヒント

カートゥンを観察する

「アニメーション映画を観察するのではなく、その源である現実世界を観察するべきである。さもないと、作品は現実世界の表面的な描写になってしまう」とよく言われています。現実世界と人生経験から学ぶことには大賛成ですが、アニメーションの達人たちを模倣し、彼らがいかに直面する課題に対処してきたかを学ぶ必要もあると思います。

描画では、達人を観察して模倣し、そのプロセスから学ぶことはよくあります。アニメーションにも同じ手法を適用すべきです。そうすれば、達人たちが成し遂げたことから多くを学べるでしょう。しかし、真似することがゴールであってはいけません。学ぶことがゴールです。こうした理由から、学習の1つの道（アニメーションの観察）をなぜ避けるのか理解できません。私たちはアイデアを盗んで自分の作品に取り入れるためにカートゥンの内容を見ているわけではなく、テクニックを研究し、難しい課題への対処法を理解するために見ているのです。だから、カートゥンを見てください！ フレームを1枚ずつ観察し、素晴らしい作品へと駆り立ててくれる独創的な解決策を発見しましょう。

インタビュー

CHAPTER 2
アニメーション計画

RICARDO JOST RESENDE

Ricardo Jost Resendeはオンラインアニメーションスクール Animation Mentor を卒業し、作品はAnimation Showcaseに取り上げられています。フルタイムのフリーランスアニメーターで、長編映画『ザ・ナット・ジョブ』(2014年)や、独創的でインタラクティブな短編映画『Windy Day』『Buggy Night』を含む数多くのプロジェクトを手掛けてきました。彼は素敵な妻、幼い息子とともにブラジルに住んでいます。その素晴らしいアニメーションは、計画、ビデオリファレンス、サムネイル(時には2Dアニメーションも)の利用に専念してきた成果です。ここでは、その計画プロセスについて詳しく聞いてみました。

Q. あなたのアニメーションは表現豊かで、風刺的なものもあります。それは何に由来しますか？ インスピレーションは何ですか？

私はカートゥン調のアニメーション映画が大好きです。それは、昔のカートゥンや2Dアニメーションの TV 番組を思い出させてくれます。たとえば、ブルースカイ・スタジオの映画には、素晴らしいカートゥンギミックがあります。お気に入りの短編映画の1つ『Presto』(2008年)は、速いペースと力強いポーズが特徴です。『くもりときどきミートボール』(2013年)は、アニメーションスタイルが素晴らしい作品です。典型的なスカッシュ＆ストレッチのカートゥンではありませんが、硬直する生き生きしたポーズがあります。また、偉大なアニメーターたちのリールをたどり、彼らの作品を観察するのが好きです。それらが私を継続的に成長させてくれます。

風刺的な演技を好むのは、実写映画に由来します。父がチャーリー・チャップリンのDVDをたくさん買ってきて、家族全員でそれらを見ながら笑っていたのを覚えています。ボディランゲージと身体力学のみで表現されたおかしなギャグは、まるでサーカスを見ているような、家族全員で楽しめるエンターテインメント作品です。このアート形式において人間の身体は、必要不可欠な表現手段です。

チャップリンのような俳優は、とても表情が豊かで、はっきりした態度や個性を見せました。もちろん、この演技の一因は当時の映画撮影技術の欠如にあります。しかし、高機能カメラや洗練された台詞なしでキャラクターがアイデアを明確に伝え、鑑賞者を楽しませることは、素晴らしいアニメーションにも必須の要素です。今日でも、ジム・キャリーのような俳優は、印象的な視覚的演技を行います。小さい頃に『マスク』(1994年)を見て、この映画のカートゥン調の魅力に感動したことを覚えています。それは、彼のスクリーン上の演技によるものです。

Q. あなたの計画プロセスを説明してください

手元にあるツールは、すべて利用するようにしています。ビデオリファレンスを撮影し、できるだけサムネイルを描き、CGブロッキングに入る前に、2Dのアニメーションパスを作成します。これは有機的なプロセスなので、ビデオリファレンスを先に撮影するときもあれば、サムネイルを先に描くときもあります。すべては、私の頭の中にあるショットのアイデア次第です。映像が長過ぎる、あるいはパントマイムに近いショットの場合、大抵、ストーリーの主なリズムを決めるためにサムネイルの描画から始めます。CGの過程でも、具体的な動きを決めるためにリファレンスを撮影したり、Mayaのプレイブラストの上に絵を描いたりします。

2.18 Ricardoのサムネイル計画

Animation Mentor の身体特性の課題で、Ricardo が描いたサムネイルには、必要なディテールのみ示されています。そうは言っても、アイデアが素早く解釈され明確に伝わるように、それぞれのジェスチャーのシルエットは慎重に考慮されています

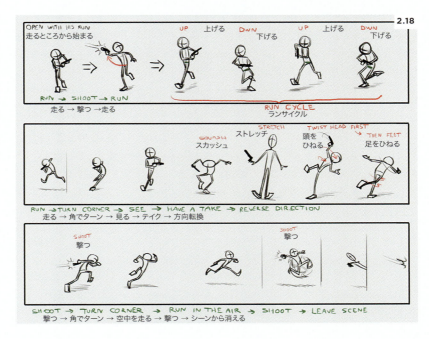

リファレンスの撮影では、キャラクターを俳優のように考え、内面的な動機を探します。台詞のないパントマイムショットなら、キャラクターの意図に注目して、演技で表現できる内面的な台詞をみつけるでしょう。台詞のあるショットなら、言い回しの裏側にある考えを書き出します。こうして、キャラクターとショットのサブテキストを伝えるのに役立ちそうなことを無意識に行ないます。私は演技が上手くありません。アニメーターが良い俳優である必要はないですが、リファレンスを撮影すればアニメーションで使える本物の演技の選択を得られるでしょう。また、後でそれらを誇張するときにも役立ちます。何回か撮影したら、今度は編集に進みます。このプロセスは、ショットで最良のテイクを選ぶ映画監督の気分を味わえますが、私たちには、同じタイムラインに1つ以上のテイクを組み込める利点があります。複数の選択肢がある場合、できるだけフィードバックを得てから最良のものを選びます。

サムネイルでは、求められている態度をはっきりと伝えられる優れたポーズを探ります。このプロセスでは「このポーズは私に何を伝えているだろうか」「これは適切にアイデアを表現するだろうか、あるいは曖昧になるだろうか」など常に自問自答しています。スケッチは素早く描けるので、サムネイルプロセスでいろいろ試すと良いでしょう。初期の描画でディテールは不要です。この段階で重要なのは、身体パーツのジェスチャー、リズム、そして、流れです。いくつかの気に入ったポーズができたら輪郭を描き始め、シルエットをもう少し浮かび上がらせます。

インタビュー

CHAPTER 2
アニメーション計画

私はCGプロセスに入る前に、Flashで2Dアニメーションパスを作成します。これはサムネイルとビデオリファレンスに基づいてアニメーションの全体的なタイミングを確立できる良い方法です。すでにタイムライン上で作業しているので、さまざまなアイデアを動きとして試す絶好の機会となるでしょう。

この段階はアニメーションを見るのではなく、その感覚をつかみたいだけなので、絵はとてもラフにしておきます。私は大抵アクションラインと、ポーズ間の関係性を強調し、分解してアクションラインのどの部分をどこに配置するかを確認します。こういった判断によって、最も魅力的な動きが分かります。ここではポーズとタイミングを強調し、必要に応じてCGプロセスで、簡単に元に戻せるようにすることが大事です。反対に、CGプロセスでタイミングとポーズを強調する方が難しいでしょう。

Q. 多忙なときでも、ショットの計画を入念に練ることができますか？

完璧ではありませんが、私は必ずCGプロセスに入る前に何かしらの計画を試みています（簡単なスケッチを紙に描くだけだとしても）。計画に最もよく使用するツールはサムネイルです。これは、指示を受けた直後に、アイデアを視覚的に書き出す良い方法です。

計画の他の段階については、アニメーションスタイルと参加しているパイプライン次第です。たとえば、過密スケジュールでアニメーションスタイルがリアル調なら、期限に間に合わせるため、ビデオリファレンスの撮影だけに留めるのが賢明な判断でしょう。しかし、カートゥーン調のプロジェクトで過密スケジュールの場合、サムネイルでアイデアを試したり、2Dのアニメーションパスを作成したりすれば十分でしょう。

私が携わった長編映画では、監督やスーパーバイザーからフィードバックを得るため、できるだけ早い段階でブロッキングパスを作成してきました。彼らはMayaのプレイブラストだけを見て、それ以前の素材は目にしません。そのため、ショットに関するアイデアを説明した指示書を受け取ったら、サムネイルを作成し始め、ポーズを通じてそのアイデアの伝え方を自問します。ショットにより多くの演技の選択が必要なら、ビデオリファレンスを撮影し、身体力学の要求が大きいときは、2Dのアニメーションパスを作成することもあります。期限が迫っているときに、両方行うことはほとんどありません。

Q. ビデオリファレンスをアニメーションに適用するとき、ポーズやタイミングの強調部分をどう判断しますか？

アイデアを正しく伝えられる良いポーズがビデオリファレンスにあるなら、線に単純化してポーズを強調できるでしょう。人物画にジェスチャーの手法を用いるようなものです。数本のアクションラインだけでキャラクターの行動や感情を伝えられます。こういった線を念頭に置くと、アクションラインと良いデザインセンスに基づいてポーズを強調し、誇張できます。

一般的な法則として、ポーズに入れる線の種類は、キャラクターの中のエネルギーの流れによって決まります。エネルギーが低く、さりげない演技に見せなければいけないなら、あらゆる動きは他の動きに重なります。つまり、ポーズは大抵崩され

て、S字型のラインが多くなります。しかし、エネルギーが高いときは感情が爆発しているので、アクションラインはあまり崩れず、単一の弧を描く傾向にあります。身体の一部から力が湧いているときは、おそらくその場所が鋭角になるでしょう。最終的に、これらのコンセプト間で上手くバランスをとり、力の源と行き先を考えなければいけません。

リファレンスを基にタイミングを強調するには、動きが加速する瞬間や止まる瞬間を探します。編集ソフトウェアで、映像の加速や減速を試してみましょう。一般的にコマ落としは、カートゥン調の効果に最適で、より面白く見えます。昔の白黒の映画を見ると、リアルタイムよりも高速（コマ落とし）で再生されていることが分かります。

Q. アイデアをCGに変換するとき、どういった課題に直面しますか？

最初の課題は、アクションラインをサムネイルからCGのポーズに（できるだけ流れるように）変換することと、シルエットを描くことです。リグに腕や脚のベンド（曲げ）コントロールがなくても、問題ありません。大事なのは、流れるような線を形成するようにジョイントを配置し、回転させることです。胴体のツイストは、サムネイルに含まれない情報なので、考えるのが難しいプロセスです。ツイストはポーズをダイナミックにすると同時に、キャラクターの身体的特徴を表すのに役立つでしょう。

メッシュの変形も考慮します。長編映画の場合、メッシュにはテクスチャやライティングが適用されているので、CG空間でキャラクターが変形する様子を確認することが重要です。特に太っているキャラクターをアニメートするときは、あまり融通が利きません。そこで大事なのはアクションラインやツイストではなく、スカッシュ＆ストレッチとポーズの全体的なシルエットです。

Q. 作品をもっとカートゥン調にしたい学生に、何かアドバイスはありますか？

あらゆるポーズが態度を表すことを念頭に置き、独創的で大げさに描けば、鑑賞者を納得させることができるでしょう。こういったポーズを見つけるにはリファレンスを撮影して、真実味のある演技をします。それを紙に描いたらアクションラインを探し、生き生きと見せましょう。鉛筆でテストしてさらにいろいろな可能性を模索し、動きを感じとり、ラフスケッチをいくつか描きます。

身体的特徴も忘れてはいけません。法則を上手く利用しつつ、同時に法則を自由に破ってください。ありえない動作を違和感なく鑑賞者に見せるのは素晴らしいことです。俳優が身体的特徴を利用して、優れた面白い演技を行う昔の映画からも学びましょう。カートゥンに少しのリアリズムが加わると、より真実味が増します。

そして、楽しんでください！

> *俳優が身体的特徴を利用して、優れた面白い演技を行う昔の映画からも学びましょう。カートゥンに少しのリアリズムが加わると、より真実味が増します*

RICARDO JOST RESENDE

実践してみよう

CHAPTER 2 アニメーション計画

本書ではアニメートした例を示しながら、紹介するすべてのテクニックを含むシーンを作成していきます。それぞれのテクニックに着目した異なるアニメーションを個別に作成するのではなく、すべてのテクニックを実演する1つのアニメーションです。その映像とリグは、サポートページからダウンロードできます。

以下のシートは、アニメーションの裏にあるコンセプトです。能天気な猫のMr.バトンズは、初めてのブラインドデートに向かいます。彼は自信満々で相手の家に近づき、ドアをノック。ドアが開くと、そのあからさまな反応によって驚きが示されます。

私は大げさなカートゥンアニメーションテクニックを用いるので、アニメーション計画ではサムネイルに徹することにしました。その動きの多くはとても身体的であり、率直に言って実写で行うのは不可能なので、ビデオリファレンスを撮影してもあまり役立たなかったでしょう(ケガをしていたかもしれません)。シートに描かれているものは試験的なアイデアであり、破棄したものも含まれています。円で囲ったポーズは私が気に入ったもので、演技の基礎となりました。

どんなに慎重に立てた計画でも、上手くいかないことはあるでしょう。そして、アニメーションプロセスを通じ、変更があることを先に強調しておきます。そのほとんどは、評価中に生じます。自分以外にも、同僚、監督、スーパーバイザーたちが、アイデアをもっと上手く伝える方法を見つけてくれるでしょう。こういった変更に(特にプロセスの後半で起こると)、とても時間を要することもあります。しかし、それは正常なことです。流動的なプロセスなので変更を覚悟し、最高のアイデアこそが成功につながると意識してください。

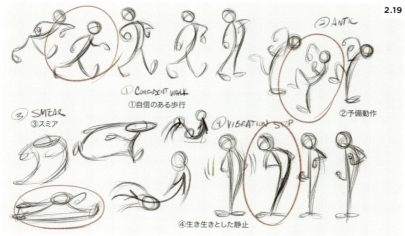

2.19

2.19 Mr.バトンズがやって来る
このページのサムネイルは、家に近づくMr.バトンズに関するものです。ドアに向かって歩いて来るだけではなく、少し面白くするために2〜3歩歩いて立ち止まり、予備動作、スミアを経て静止させたいと思います

2.20 Mr. バトンズの身づくろい

ここでは Mr. バトンズがノックをして花を差し出し、さらに手をなめて、髪をかき上げます。ちょっとおかしく、猫がやりそうな仕草だと思いました

2.20

2.21 急いで逃げる

最後に、スタッガ（震え）を適用して、テックス・アヴェリー（アメリカのアニメーター、監督）風のテイクにしてみましょう。また、慌てて逃げる様子には、マルチプルリム（複数の手足）を使い、静かに退場する際はモーションラインを取り入れます

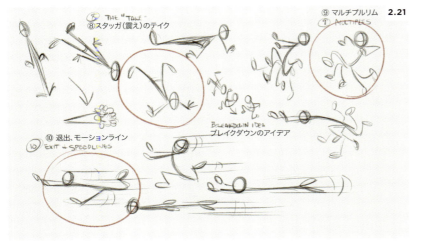

2.21

アドバイス

CHAPTER 2
アニメーション計画

Mr.バトンズはあなたに生命を吹き込まれるのを待っています！
本章で紹介したように、Mayaで最初のキーを設定する前に
すでにアニメーションは始まっています。
計画段階で前もってアイデアを生み出し、
あらゆる選択肢をじっくりと考えてみましょう。
私の手順に従い、自分のショットをアニメートしてください。
似たものでも、まったく新しいものでもかまいません。

Mr.バトンズはドアを開けると、現れた相手のとりこになるかもしれません。または、気弱な性格で、ドアをノックしたら素早く家の後ろに隠れ、頭をのぞかせながら誰がドアを開けるかを確認するかもしれません。もちろん、まったく違う演技をさせても良いでしょう。

それは完全にあなた次第です。いずれにしろ「大きく」考えましょう。尺を「大きく」するのではなく（むしろ、短めにしたいので）、スタイルとストーリーを「大げさ」にするのです。実写との違いを出すのは、アニメーションの基本原則の1つである「誇張」なので、これを利用して驚くべき感覚を取り入れましょう。

計画は完璧である必要はありません。簡単にビデオリファレンスを撮影したり、サムネイルのスケッチを描いたりするのは、30分もあればできるでしょう。それは有意義な時間です。ビデオリファレンス、サムネイル、これらを組み合わせる、あるいはまったく異なるものを利用するにしても、ショット内容をよく考えましょう。そうすれば、最終的に時間の節約につながり、印象的で満足のいくアニメーションになる可能性も高まります。プロセスを1歩ずつ紹介していくので、ここで時間をかけて、楽しみながら奇抜なアイデアを生み出してください。ショットの計画を練ったら、次章ではMayaを使ってMr.バトンズのポージングを始めます！

CHAPTER 3
ポーズテスト

それではアニメーションを始めましょう！ すでに計画はあるので、これからキーを設定し、バーチャルパペットに生命を吹き込みます。 ここでは、最初のアニメーションパスとなるポーズテストを主に取り上げます。

ポーズテストとは具体的に何を指すのでしょうか？ 簡単に言えば、ポーズの分かりやすさに関するテストで、鑑賞者に伝えたいものを表現できているか確かめます。 これはストーリーを伝えるためのポーズであり、アイデアを表現するための必要最低限の基礎となります。 ほとんどのショットは数点のポーズで構成されています。 ポーズテストでは通常、リップシンク・髪の毛・服装などは気にしません。 手のポーズは作成しない場合もありますが、卓球ラケットのような手は個人的に避けるようにしています。 これについては後で詳しく取り上げます。 不要なディテールにこだわらず、作業を素早く進めましょう。 そうすれば、フィードバックに基づいて作品を大きく修正できます。 このパスは「ブロッキング」と呼ぶこともありますが、ポーズテストという言葉のほうが内容を表しており、かつての２Ｄも彷彿とさせるので、本書ではポーズテストと呼ぶことにします。

どんな言葉で呼ぶにせよ、このパスでキャラクターに生命が吹き込まれるので、アニメーション制作で最も楽しいパートになります。 ここでは、特にカートゥンアニメーションのショット制作で、押さえておきたい重要なポイントをいくつか取り上げます。

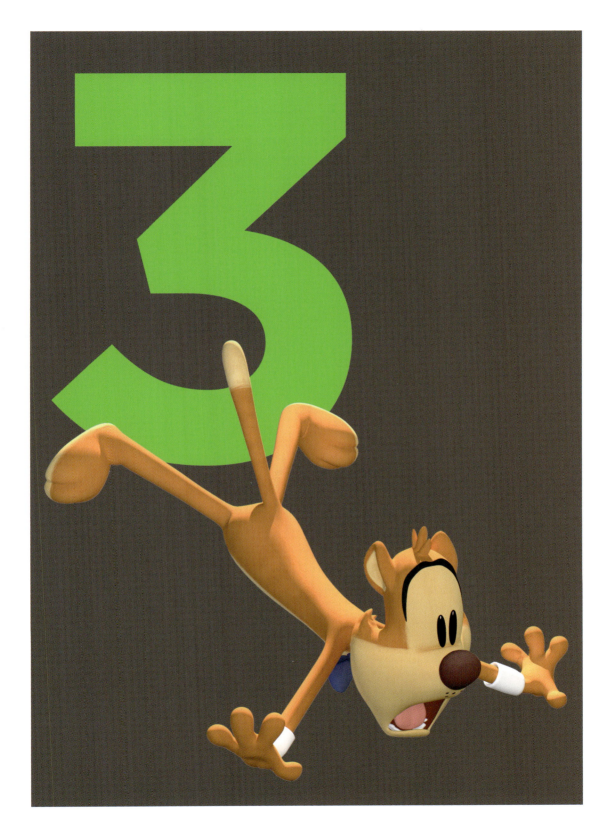

CHAPTER 3
ポーズテスト

シーンの準備

最初のキーフレームを設定する前に、ファイルを準備して、ワークフローについて考えてみます。いくつかのステップを実践し、さい先の良いスタートを切りましょう。

まず、「リファレンス」から始めます。カートゥンアニメーションにリファレンスはあまり役立ちませんが、リファレンスを設定したことがないなら、これは3D業界の慣習なので、この機会に実践してみましょう。3Dツールで言うリファレンスとは、キャラクターを実際にファイルに配置することなくシーンに取り込むことです。キャラクターファイルにアニメートするのではなく、新規ファイルにキャラクターのリファレンスを作成します。そうすれば2つのファイルを維持したまま、キャラクターに変更を加えられます。キャラクターファイルへの変更は、アニメーションファイルを開くたび自動更新されます。

このメリットの1つは、ファイルを保護できることです。つまり、アニメーションファイルで作業している最中、リグの一部を誤って消去するという事態を防げます。2つめは、ファイルサイズを小さくして、アニメーションデータのみ保存できます。キャラクターリグは含まれません。このファイルデータに含まれるのはアニメーションだけなので、ハードディスクの容量を節約して、作業中の反復処理を向上できます。学生のファイルが台無しになるのを何度も目にしてきたので、反復処理を節約することを強くお勧めします！ では、どうやってキャラクターリグをリファレンスしますか？ 答えは簡単です。[ファイル]＞[リファレンスの作成] (File ＞ Create Reference)に進み、既定の設定で良いので実行してください。

※Mr.バトンズ(Mr_Buttons.ma)を新規シーンにリファレンスしてみましょう。

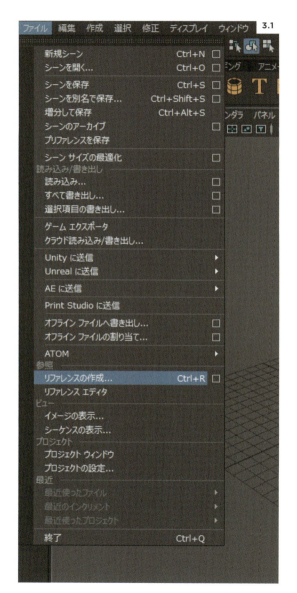

3.1 リファレンス
私が勤めていたスタジオはいつもリファレンスで、アイテムをシーンに導入していました。カメラもリファレンスで加えれば、間違って削除したり、アニメーションを変更したりするのを回避できます。自主制作でも、シーンの準備の一環として、この習慣を身につけましょう

カメラのロック

カメラのロックはCHAPTER 1でも取り上げましたが、ここでさらに詳しく見ていきます。CGアニメーションのシーンで、キャラクターの周りをタンブルすると、キャラクターとその世界を3次元で簡単にとらえられます。最近は3D映画制作が流行しているため、この方法を後押ししています。しかし、自由度の高いカートゥンスタイルの制作では、この方法を忘れましょう。なぜなら、レンダリングイメージは2Dだからです。それは紙に描画するのと同じで（これは私たちの技術のルーツでもあります）、そこに3D要素は存在しません。左右の「目」で3Dの錯覚を起こさせる立体視制作でも、2つのイメージの違いはごくわずかで、本質的には平坦なカンバスで作業することになります。

2Dで考えるというコンセプトを最大限に活用するため、レンダリングカメラはロックしておきましょう。制作現場ではすでに常識です。レイアウト部門から編集可能なカメラのショットが回ってくることはほぼありません。自主制作の場合、ショットを始めるときは、まずカメラのロックから取りかかります。1つのポーズに集中する前にカメラを調整し、キャラクターを環境内に効果的に配置。適切な構図が決まったら、カメラをロックします。

私はこれまでに多くの生徒を受け持ち、彼らがカメラの存在を無視して3Dアニメーションを制作するところを、いくどとなく目の当たりにしてきました。ビデオゲームなどのアニメーションではそれで問題ないかもしれませんが、映画では好ましくありません。自由な方法に見えますが実際は逆効果で、思考を妨げ、能力を制限し、クリエイティブなアプローチを思いつけなくなります。しかし、カメラをロックすれば、2Dで考えられるようになります。それでもまだキャラクターを動かし、コントロールにアクセスして、リグを完全に操作する必要があるので、レンダリングカメラとパースビューカメラの両方を同時にチェックできるワークフローの構築が重要です。

新しい考え方に慣れるには、この方法が最もシンプルで実践的です。カメラはとても簡単にロックできます。［チャネル ボックス］のカメラチャネルをドラッグして選択、右クリックでポップアップメニューから、［選択項目のロック］を実行してください。

3.2 選択項目のロック
カメラは簡単にロックできます。アニメーションの制作中にカメラを少し調整する必要が生じるかもしれませんが、ロックを解除したまま放置してはいけません。カメラのロックを解除して変更を施したら、必ずもう1度ロックしましょう

CHAPTER 3
ポーズテスト

リグを崩す

ここでは 1 つのレンズから見るオブジェクトに集中するため、自由にリグを崩して、見映え良いイメージを作成します。ここで言う「崩す」とは、使いものにならないほど破壊することではなく（それも起こりえますが）、望ましい成果をあげるため、必要な分だけ壊すという意味です。

エクストリーム デフォメーション（極端な変形）、ジオメトリ ペネトレーション（ジオメトリの貫通）、オフバランスポーズ（バランスの崩れたポーズ）、ブロークン ジョイント（壊れた関節）という用語をよく使います。短編映画『Daffy's Rhapsody』（2012年）で、私はエスター・ウィリアムズのようにロープを優雅に回りながら、上からカメラに向かって降りてくるダフィー・ダックのアニメーションを作成しました。

しかし、レンダリングカメラ以外の視点で見たダフィーは、まったく優雅ではありませんでした。カメラに向かって足から降りてくるので、足を通常のサイズより 2 倍以上大きくし、身体よりも大きく見えるような変更が必要でした（奥行きを作るため）。

さらに、3D エフェクトを前面に押し出すため、ダフィーの胴体を通常の 5 倍以上に伸ばして、頭部と上半身を小さくしました。レンダリングカメラ越しに見るとまったく問題ありませんが、実際には鑑賞者をだましています。他の視点では完全におかしな形をしたダフィーが表示されています。リグを崩して作るこのイリュージョンは、レンダリングカメラ越しに見たときにのみ、成立しているのです。

理想とするポーズを作成するため、必要な変更をリグに自由に加えてください。**レンダリングカメラ越しに正しく見えるのであれば、それで良いのです！**アーティストの中には、この方法にある種の不安を抱く人もいるかもしれません。それでもやはりキャラクターに残酷な態度を取り、ありとあらゆる変形をどんどん強要しなければなりません。最後にはしっかりと元に戻るので心配ありません。

3.3 崩されたリグ
パースカメラ越しに見ると、Mr. バトンズの身体が明らかにおかしく見えます（左）。しかし、レンダリングカメラから見ると、正しいポーズに変形してます（右）。必要な変形をどんどん行い、理想的なポーズを形成しましょう

ワークフロー

ワークフローの選択はアーティストに委ねられていますが、特にカートゥンアニメーション制作では、特定のワークフローに明確なメリットがあります。ディズニーのベテランアーティストでさえも「アニメーションの12原則」を取り入れています。「ストレートアヘッド」と「ポーズトゥポーズ」は、シーン描画における2つの異なるアプローチを定めたものです。ストレートアヘッドはその名のとおり、冒頭から順番にアニメートしていきます。一方、ポーズトゥポーズは、最初のポーズ、最後のポーズ、またはどこからでも開始できます。ポーズを設定したら、そのアクション間のブレイクダウンを作成してそのギャップを埋めていきます。続けて、その間で残りの足りないポーズを作成し、一貫した動きの流れを描きます。

CGアニメーションもこの2つの方法で進めます。ソフトウェアにはさまざまな機能があるので、好みのやり方、制作スタイルに合ったやり方を組み合わせることができるでしょう。ここでは、CGアニメーションの一般的なワークフローを紹介し、カートゥンアニメーションとの関係について見ていきます。

① 動作のレイヤー化

レイヤーアニメーションは、シーン冒頭から開始し、順番に進めていくという点で伝統的な「ストレートアヘッド」に基づいています。主な違いは、キャラクター全体を同時にアニメートしない点です。ほとんどの動作で、ルートや身体を動かすメインコントロールから開始し、それを個別にアニメートし、基本モーションを作成します。歩く動作の場合、まず、ルートを前進させ、キャラクターがスクリーンの外に出る（または止まる）まで1つの軸（通常はZ軸）に集中します。この手法で主に使われる接線タイプは、［スプライン］です。これにより、タイムラインをスクラブして、フレームごとの動作を確認できます。

キャラクターの前進運動を設定できたら、次は上下運動をアニメートし、身体を正しく弾ませます。続けて、歩行サイクルをさらに構築、ルートから進め、背骨を上げて、腕を伸ばし、動作を順番にレイヤー化していきます。この方法の利点は、力学的に構築できる点です。ほとんどのアクションは腰から始まるので、アニメーションの物理法則が正しく機能します。また、批判されがちな「ポーズトゥポーズ」らしさもない、美しく流れるような動きを作成できる

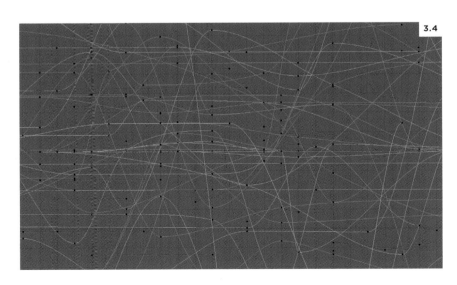

3.4 ［グラフ エディタ］：レイヤー化のアプローチ

レイヤー化は［グラフ エディタ］で不安をかき立てるような結果しか生み出しません。しかし、実は順序立った論理的なアニメーション手法です。特にしっぽやヘビの動きのオーバーラップアクションで役立ちます

CHAPTER 3
ポーズテスト

でしょう。動作のレイヤー化は主に初期のピクサー作品でも使われており、一昔前の学校で教えられていたCGアニメーションの手法です。

ピクサーで『Mr. インクレディブル』(2004年) を監督したブラッド・バードは、手描きアニメーションの手法を重んじていたため、ポーズに基づくワークフローを推し進めました。しかし、それでもアニメーターの多くは、ピクサーや他のスタジオでレイヤー化のワークフローを実践していました。私が 2000 年前後にアニメーションの勉強を始めたときには、すでにそれがアニメーションのスタンダートになっていたのです。レイヤー化の難点は、ショットの大半が完成するまでどのように見えるか掴みにくいことです。T ポーズのキャラクターがシーンを滑っていく場面だけ見ても、全体を評価するのは難しいでしょう。また、残すもの、削除するものを区別するための明確なポーズがないので、変更を加えにくい手法と言えます。

今日、ほとんどのCG アニメーターは「ポーズトゥポーズ」を採用しているため、動作のレイヤー化はあまり使われていません。カートゥンスタイルのアニメーションでは、明確なポーズを取ることが多いため、レイヤー化の使用頻度はもっと低くなります。ポーズに基づいたワークフローのほうが理にかなっているのです。とはいえ、必要に応じて、私はまだレイヤー化の手法も使っています。『ルーニー・テューンズ』の短編映画『Rabid Rider』(2010年) で、私は

セグウェイに乗ったワイリーコヨーテが投げ縄でランボルギーニを捕まえた後、そのまま引きずられる場面を作成しました。コヨーテの動きはセグウェイの動きに従うため、まず、セグウェイをアニメートしました ([移動] をレイヤー化して、[回転] に進みます)。次に、コヨーテの動きで、腰から順にアニメーションをレイヤー化。また、ロープの先端の動きもレイヤー化方式でアニメートしました。

レイヤー化は、ロープ・髪の毛・耳・しっぽ・洋服など「垂れ下がった小さなもの (floppy bits)」の作成に向いています。こうしたオブジェクトのオーバーラップアクションは、メインアクションの上からレイヤー化すると上手く表現できます。まず、メインキャラクターのアニメーションを完成させて、オブジェクトに取り掛かります。ベースコントロールから始め、最後のコントロールまで順番に作成します。

たとえば、しっぽをアニメートする場合、しっぽのつけ根から始めます。しっぽが振り回されているように腰の動きに細心の注意を払いつつ、次の関節に移り、先端に向かって作業を進めていきます。これは難しい作業を終えた後、音楽を聞いてリラックスし、楽しみながら行う作業で、おまけの飾りのようなものです。レイヤー化のワークフローは一見、カートゥンアニメーションで役立ちそうに見えませんが、試してみる価値は十分にあります。滑らか動きをするしっぽやヘビなど、適切な場所に使えばとても効果的です。

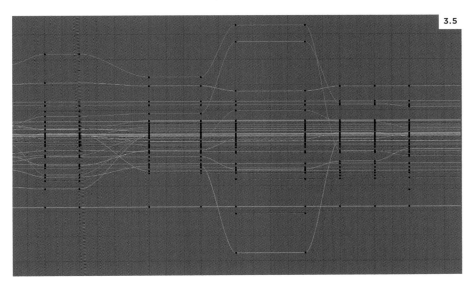

3.5 ［グラフ エディタ］：複製ペア

複製ペアは［グラフ エディタ］できれいなグラフを作成するので、後の編集作業が比較的簡単になります。ホールド（静止）とトランジション（遷移）がはっきり見えるので、アニメーションをリタイムするときに効果的です

② 複製ペア

このテクニックは「ポーズトゥポーズ」と深く結びついています。主な違いは、各ポーズを複製し、そのポーズを数フレームにわたって次の動作まで維持することです。そのため複製ペア（Copied Pairs）と呼ばれています。［ステップ］接線を使用しているなら、次のキーフレームまで動かないのであまり役立ちません。そのため、このテクニックを使うアニメーターのほとんどは、［プラトー］接線を使用しています。［プラトー］接線は［スプライン］接線の行き過ぎた部分を取り除くので、複製ペアを作成したときに、ポーズを完全に保持します。また、ポーズの保持されている時間や、各ポーズ間の移行時間が分かるので、早い段階でタイミングをしっかり設定できます。

しかし、このテクニックでは2つの点に気をつけなければなりません。1つは「ポーズトゥポーズ」のルックになるので、アニメーションに堅苦しい印象が生まれます。ポーズを決定しても、手を加えない限り、そのまま静止してしまうでしょう。そこで、そのホールドの印象を和らげ、アクションをオーバーラップさせて、もっと自然な見た目にする必要があります。幸いにも、カートゥンアニメーションは大げさなポーズになることが多いので、少しなら問題ないでしょう。もう1つの注意点は、接線でキーフレームを補間しているときは（基本的には［ステップ］以外）、キャラクターがすでにポーズとポーズの間で動いているので、効果的なブレイクダウンの作成に向いていないことです。

CHAPTER 4でも取り上げますが、ブレイクダウンには2つの重要な要素があります。それは、弧（運動曲線）の定義と、それに続く要素（フォロー）の決定です。Mayaはどちらも苦手なので、自分で決めなければなりません。アニメーションを何度も再生し、Mayaのポーズ補間を観察し続ければ、そのうち「もう十分だ」と思えるポイントが見つかるでしょう。複製ペアをまだ試したことがないなら、以上の点に気をつけて早速チャレンジしてみましょう。これはカートゥンアニメーションの作成における、とても効果的な手法です。

CHAPTER 3
ポーズテスト

③ **ステップ接線**

ステップという名称は、そのワークフローを正確に表していません。実際は、アニメーションカーブに使われる接線の種類で、キーフレーム補間を行わないユニークなものです。このワークフローでは、まず、CGアニメーションで伝統的な「ポーズトゥポーズ」と同等のポーズを作成します。次に、そのポーズ間にブレイクダウンを追加、Mayaの助けを借りて、残りのギャップを埋めます。

この方法は、特にカートゥンアニメーション関連で最も人気のあるワークフローです。理由はおそらく、[ステップ]接線のルーツが2Dにあり、次のドローイングまで変化しないドローイングを個別に作成しているような錯覚を起こさせるからでしょう。また、私のように早い段階からMayaに任せたくないという「コントロールフリーク」にもうってつけです。動いている部分、そうでない部分も含め、キャラクターのすべての部分にキーフレームを打つため、きれいで簡単に編集できる基礎を作成できます。さらに、[グラフ エディタ]を見にくくするようなキーもありません。

それでは、このアプローチに欠点はないのでしょうか？非の打ち所がないように聞こえますが、実際のところ、ほとんどの部分で欠点はないのです！これは私の偏見ですが、カートゥンのような幅広いスタイルでアニメートするとき、これは最適だと思います。[ステップ]接線を使うと、つい先に進みたくなったり、アニメーションカーブをスプライン化したくなります。しかし、そうするとアニメーションのすべてのポーズが滑らかにイーズイン／アウトして、酔っぱらいのような動きになってしまうでしょう。

[ステップ]接線は自動的にホールドを作成しますが、接線タイプを切り替えるとすぐに消えます。重要なポイントは、それに向けて準備し、「複製ペア」や最後のポーズの前にスローインのポーズを作成することです。これについては「CHAPTER 4 ブレイクダウン」でもっと詳しく説明します。ここではカーブをスプライン化したい気持ちを抑え、しっかりコントロールして、ぬるっとしたアニメーションにならないように、キーを念入りに設定しましょう。

キーは行き当たりばったりで設定してはいけません。すべてのキーに明確な意図を持たせます。ストーリーを語るためのポーズ、極端なアクション、ブレイクダウン、トランジションを通じて、弧（運動曲線）とオーバーラップを表現しましょう。すべてのキーフレームに注意を払い、それが本当に必要かどうか入念に検討しましょう。**[ステップ]接線の意義は、作品全体のコントロールをMayaに託さず、できるだけ自分で行うことにあります。**

私は[ステップ]接線の使用を推奨するので、本書のアニメーションの例もそのワークフローに従いますが、別の方法で進めてもかまいません。Mayaの素晴らしいところは、欲しい結果にたどり着くための方法が無数にあることです。「大事なのは旅路であって目的地ではない」という言葉を聞いたことがあるかもしれません。しかし、アニメーションでは「目的地」がすべてであり、そこにたどり着くまでの方法は何でも良いのです。さまざまな方法を試してみましょう。アニメーターとして経験を積めば、そのうち独自のワークフローを確立できるでしょう。最終的に、自分に最も適した方法だけを使い続けるようにしてください。

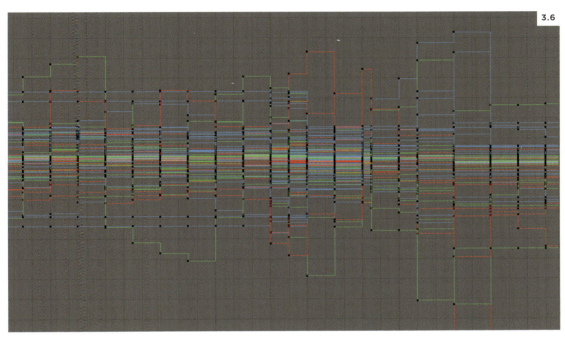

3.6 [グラフ エディタ]：ステップ接線
[グラフ エディタ]で見る[ステップ]接線は美しく、天国への階段ように見えます。ただ残念なことに、すべてのフレームにキーを打たないと、最終的にこの階段は坂道になってしまいます。キーとブレイクダウンが十分にあれば、トランジションの作業も最小限に抑えられます

CHAPTER 3
ポーズテスト

④ ジンバルロック

2Dアニメーターのように考え、2Dのワークフローをシミュレートする。そのような習慣を身につけることが重要であると強調してきましたが、現実には3Dで作業している事実を無視できません。数学的な環境が問題を招くこともあり、その主な例が「ジンバルロック」です。簡単に説明すると、これはコントローラの回転軸がそろい、「ロック」したときに発生する現象で、完全な自由回転ができなくなります。本章とCHAPTER 4で、アニメーションプロセスのさまざまなパートに触れるとき、ジンバルロックの修正方法を説明します。今のところは、すべてのワークフローで身体パーツを回転させるときに十分注意を払いましょう。頭部・腕・手首・足首といった主な部位のコントロールなど、回転角度の大きいパーツでは特に注意します。前もってジンバルロックを防ぎたいなら、[回転ツール]をダブルクリック、[ツール設定]＞[ジンバル]を選択します。それぞれの回転チャネルが正確に表示されるので、ジンバルロックの防止にとても役立ちます。

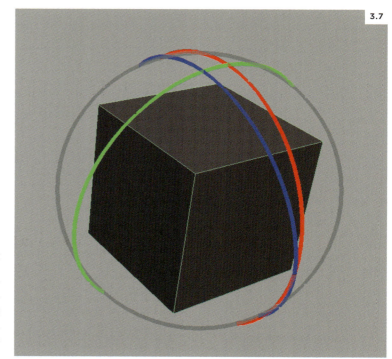

3.7 ジンバルモード
ローカル回転を使えば簡単にポーズを設定できますが、これはジンバルロックを引き起こす主な原因になります。図は[ジンバル]モードを使ったときに、いつジンバルロックが起こるかを示しています。X回転軸（赤）とZ回転軸（青）はほぼ同一平面上にそろっているので、接線をスプライン化すると、ある時点で問題が生じます

プロのヒント
「すべて選択」ボタンを作成する

基本的なことですが、CGアニメーション上級コースの学生がキャラクターに対して「すべて選択」ボタンを使わないことに驚いています。[ステップ] 接線で「ポーズトゥポーズ」を作成する場合、作成したポーズごとに、キャラクターのすべての要素にキーを設定することが大事です。これにより[グラフ エディタ]の内容をきれいに整頓できます。さらに、キャラクターのすべてのパーツがロックされ、スプライン化したときにパーツが勝手に動かなくなります。

アニメーションリグの一部には、専用GUI（グラフィカル ユーザ インタフェース）が備わっており、キャラクターのコントロールをすべて選択できる便利なボタンがついています。リグにこの機能がないなら、練習もかねて作成してみましょう。

これを行うには[ウィンドウ] > [一般エディタ] > [スクリプト エディタ]に進むか、右下隅にある[スクリプト エディタ] アイコンをクリックします。[スクリプト エディタ]を開いたら、キャラクターのコントロールをすべて選択、[スクリプト エディタ]のヒストリ（上部パネル）内の「select」で始まる行を探します。これを選択して、シェルフまでドラッグ。スクリプトタイプを要求されたら、[MEL]を選択します。ジョイントやジオメトリではなく、コントロールのみ選択するように注意しましょう。他の要素を選択すると、キーをセットしたときに、リグを誤って破壊してしまうことがあります。

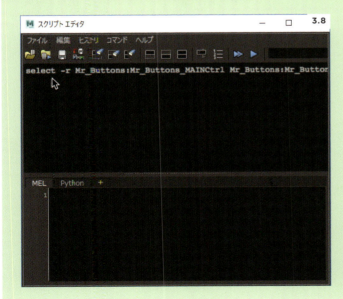

3.8 すべて選択
図はキャラクターのコントロールをすべて選択したとき、Mayaの[スクリプト エディタ]に表示される結果です。ボタンを作成するには、テキストを選択してシェルフにドラッグします

CHAPTER 3
ポーズテスト

ポーズのデザイン

ポーズはアニメーションストーリーテリングの基礎です。アニメーションでは主に、動きやアピールのあるリアルな動作を重視しますが、ストーリーを語るのは、静かで穏やかな瞬間、すなわちポーズです。数々のディズニー映画で監督を務めてきたハミルトン・ラスクも次のように述べています。

「アニメーションはポーズで評価されるものです。タイミング、オーバーラップアクション、フォロースルーが素晴らしくても、ポーズにストーリーを語るだけの強さがなければ、良いアニメーションにはなりません」― エリック・ラーソン※、ストレートアヘッドとポーズトゥポーズ、1983年

ポーズは「アイデアや感覚の視覚的な象徴」です。したがって、そのアイデアや感覚を伝えられるようにデザインしなければなりません。難しく聞こえますが、効果的な方法やテクニックを使えば、魅力的でメッセージ性の強いポーズを作成することができるでしょう。

※ナイン・オールドメンの1人、エリック・ラーソンは、ハミルトン・ラスクらに教えを受けた

シルエット

CHAPTER 1で述べたとおり、シーンにライトがない場合は、[7]キーを押してキャラクターのシルエットを表示できます（周囲のセットを隠す必要があります）。こうすれば、ポーズがグラフィックシェイプに切り替わります。これは便利なトリックで、遠くから見たとき、ひと目でポーズを読み取れるかを確認できます。たいていの場合、ポーズはコンマ1秒しか続かないので、表現したい内容がはっきり表れているか確認しましょう。誤解されがちですが、ポーズを大きく目立たせ、キャラクターの手足をスペースに広げ、極端に誇張することが目的ではありません。明確なポーズは確かに重要ですが、他の点をおろそかにしてはいけません。

シルエットの配置で、リアリティを保つ一例を挙げてみましょう。道路を挟んでキャラクターを観察しているところを思い浮かべてください。奥の歩道を歩いているキャラクターは、手前を歩いている魅力的な通行人の方を向いて脱帽します。カメラに近い方の手で帽子を取ると、その手はキャラクターの顔を横切るだけではなく（カメラの視点から見て）、その大部分はシルエットに隠れることになります。

3.9『ブルー 初めての空へ』（2011年）
トゥカンのラファエルは、自身の開放的で社交的な性格を示すようにオープンスペースに翼を広げ、見事にシルエットを浮かび上がらせています。ブルーの翼は折りたたまれていますが、横から見えるシルエットはオウムのような形をした力強いグラフィックです。さらに、頭を後ろに引いて、映画全体を通じてうかがえる、彼の神経質な性格も表しています

3.9

しかし、もう片方の手を使い、腕をシルエットの外側にもってくれば、分かりやすいポーズになります。ここではポーズを必要以上に大きくして、より明確なシルエットになるポーズを演出しているのです（誇張を強めているのではありません）。

生徒に「シルエットだけを使って短編アニメーションを作成し、それがはっきり読み取れるかどうか確かめる」という課題を与えたことがあります。そこではシルエットの重要性を強調しました。楽しいチャレンジですが、シルエットの使用を単なる宿題として片付けてはいけません。ポーズをシルエットで定期的にチェックし、そのポーズが読み取れるか、他にもっと良いポーズがあるか考えてみましょう。

直線と曲線の組み合わせ

「直線と曲線の組み合わせ」はデザインの基礎です。身体パーツが完璧なシンメトリになるのを避け、コントラストを作りましょう。たとえば、腕の各セクションがすべて外側に向くと、つながったソーセージのように見えて魅力に欠けます。同様に、身体のすべてのセクションを直線的にすると、機械のような固いルックになります。そこで、腕の片側を直線に、もう一方を曲げると、素晴らしいコントラストが生まれ、魅力的な形状になるでしょう。

直線と曲線の組み合わせをポーズ全体に適用すれば、美しいバランスが生まれます。では、実際にソフトウェア上でどうしたら実現できるでしょう？ そのほとんどは、キャラクターデザインとリグの柔軟性に左右されます。たとえば、ベンド(曲げ)のコントロールを利用できます。最新リグの多くは、腕や脚のセグメントの中間をコントロールできるため、アニメーターはそれらを使って希望どおりに形状をコントロールし、セクションを折ったり曲げたりします。腕や脚を少し曲げれば、直線と曲線の組み合わせができて、もっと魅力的なルックになります。

学生アニメーターの中には、腕や脚を曲げすぎて、ゴムホースのようにしてしまい、キャラクターの身体構造の統一性に影響を与えてしまう人もいます。キャラクターデザインやアニメーションスタイルによっては、その方法で上手くいくこともありますが、たいていの場合、広義のカートゥンアニメーションでも、ポーズの味つけ程度に留め、適度に使用する方が良いでしょう。

3.10 『怪盗グルーの月泥棒』(2010年)
グルーの美しいシルエットのポーズは、直線と曲線の組み合わせの好例です。これを巧妙に活用し、アピールのあるポーズに仕上げています

CHAPTER 3
ポーズテスト

単純さと複雑さの組み合わせ

直線と曲線の組み合わせでキャラクターの身体形状にコントラストを作り出したように、「単純さと複雑さの組み合わせ」によって、外側のエッジや形状のグループを形作ります。たとえば、キャラクターが頭と腕を後ろに引いて胸を突き出す「自信に満ちたポーズ」のときは、シンプルできれいな曲線が身体の前側の形状全体を作ります。反対（背面）側では、ディテールが多くなり、腕・頭部・そしてキャラクターの背中側を構成する形状は、複雑になります。

「自信に満ちたポーズ」は、静止状態における単純さと複雑さの組み合わせを示す例ですが、このテクニックはキャラクターが動いているときに、よりはっきりと表れます。動作中のキャラクターは身体パーツの多くが後ろに引っ張られ、背中側がより複雑になるため、エッジが明確になり、ラインもシンプルになります（図3.11）。動作中、静止中にかかわらず、このデザインの原則を適切な場所で使えば、ポーズがもっと魅力的になります。

3.11『マダガスカル3』(2012年)
連続的なアクションラインが、マーティーとジアにはっきり表れています。キャラクターの前側のシンプルなエッジ（赤）にも注目してください。これは背中側のより複雑な形状（青）とコントラストを成しています

アクションライン

アクションラインとは、キャラクターに走っている見えない線のことで、動きや連続性など全体の雰囲気を与えます。つまり、シンプルな線で多くを語れるわけです。

まず、直線について考えてみましょう。アクションラインが完全に垂直なら、硬く、動かせない印象を与えます。そのキャラクターを宇宙に打ち上げると長い距離を進みますが、同時に身体が完全に硬くなるでしょう。これは水平でも同じです。キャラクターは大砲から発射されたように速く動くか、床に寝ているように完全に静止します。どちらの場合も、見た目は硬いままです。対照的に、対角線はもともと不安定で傾いています。アンバランスな印象を与えるため、通常は動きを示唆します。

以上がシンプルな直線の例になります。しかし、ほとんどのポーズのアクションラインは曲線になり、緩和と緊張のポイントも身体パーツによって異なります。通常、アクションラインはCやS字形などシンプルなものにしたいので、急激な方向転換は避けたほうが良いでしょう。さもないとラインの流れに問題が生じ、ポーズがバラバラになったような印象を与えます。

アクションラインを設定し、弧をもっと広げて極端な形にすれば、簡単にポーズを誇張できます。反対に、弧を抑えると繊細でコンパクトなポーズになります。私はいつもポーズを必要以上に強調するので、ときどき大きな調整が必要になります。このようにする理由は、アクションラインを明確にすると、その周辺でポーズを簡単に作成でき、ポーズを通じて動きや連続性を表現できるからです。

変更が必要なら、さらにポーズを作るより、戻すほうが簡単です。実際、アクションラインはポーズの基礎なので、私はいつも主なボディコントロールから取りかかり、可能な限りアクションラインと合うように調整します。次に、外側に向けて作業を進め、背骨の曲線を作成し、頭部を傾け、そこからさらに構築していきます。

3.12『怪盗グルーの月泥棒』(2010年)
隠れ家で横たわっているベクター（グルーのライバル）には、S字のアクションラインが使われています

CHAPTER 3
ポーズテスト

身体パーツ

前のセクションでは、ポージングに必要なデザインの原則を取り上げました。次は身体のさまざまなパーツのポージングを詳しく見ていきましょう。

① 背骨

アクションラインは背骨のカーブに沿っています。腰と胴体は、このラインを基点にして垂直に回転するため、それぞれは対立して、反対方向に回転します。たとえば、「休めの姿勢」を想像してください。腰の右側を前に回転させ、上に傾かせた場合（右脚に重心）、胴体の右側は後ろに回転し、下へ傾きます。

どちらか一方の回転が分かれば、もう一方の回転も簡単に分かるのです！　あるイタリア人はこれに「コントラポスト」という名前を付けました。英語でカウンターポーズ（平衡）という意味です。

では、腰と胴体は常にそろわないのでしょうか？　大抵はそうですが、例外もあります。背骨が一般的なC字ではなくS字カーブになるとき、胴体と腰の角度がほぼ一致します。これはどんなテクニックも、無闇に使ってはいけないという戒めになります。単にボタンを押すのではなく、アーティストとしての洞察力を養い、正しい選択を心掛けましょう。

3.13『ダビデ像』　ミケランジェロ作（1501～1504年）
ダビデ像はコントラポストの好例です。腰と胴体が別方向に回転し、ポーズに重量感を与えています

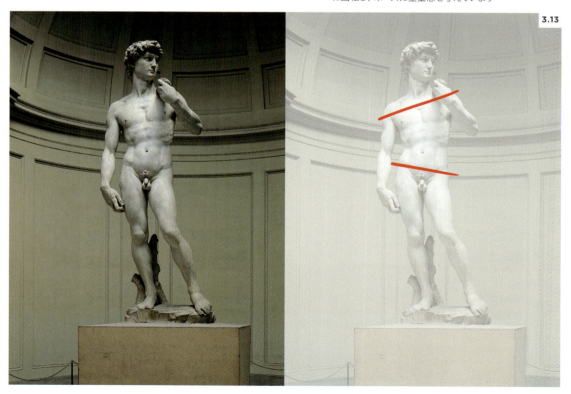

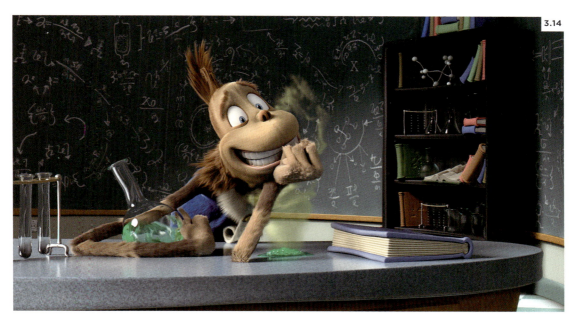

3.14『ホートン 不思議な世界のダレダーレ』(2008年)
ネッド・マクドッド市長の頭部は後ろに傾き、やや片側に回転して、胴体の角度とコントラストを成しています。この回転の大半は、頭部のつけ根で起きていることにも注目してください

② 頭部

頭部はアクションラインと揃うこともあれば、対立して、ポーズにコントラストやバランスを加えることもあります。頭部の回転のほとんどは、頭部のつけ根（首との連結部）で起こります。首のつけ根ではありません。首のつけ根における動作の大半は、前後運動に限られます。自分の頭と首を回転させ、その可動域を確めてください。カートゥンアニメーションでは自由にこの範囲を広げられますが、身体構造をある程度意識し、キャラクターにリアリティを与えましょう。自分の身体の可動域を意識することは、特にポーズを決めるポーズテストで重要になります。

キャラクターの身体が特定のポーズで壊れて見えると、それは鑑賞者にも分かってしまうので修正しましょう。構造を崩すことができるのはブレイクダウンのときだけです。これはCHAPTER 4で取り上げますが、また別の話になります。

CHAPTER 3
ポーズテスト

3.15『カンフーパンダ』(2008年)
図のキャラクターは、みんな肩を上げ、警戒を示しています（構造上の理由から蛇だけは例外です）。肩が連動していることに注目しましょう

③ 肩

肩は手を抜きがちですが、他のパーツと同様に集中しなければなりません。肩は身体の眉毛です。これを心に留め、その意味と重要性についてじっくりと考えてみてください。この言葉は的を得ているので、考えた人に賛辞を贈りたいです。

肩のポーズ1つで、キャラクターが感じていることを詳しく表せます。肩はキャラクターがリラックスしているのか、緊張しているのか示してくれます。肩をすくめる動作で、「自信がない」「不安を感じている」「シャイな性格」などを表せます。肩を大きく上げれば「怒り」を、下ろせば「無関心」「満足」を示せます。このため、ポーズの作成では肩が非常に重要です。肩は通常互いにシンクロしながら動き、主に上下運動します。腕が前後に大きく曲げられたときにのみ、肩も前後に動きます。こうして、腕がつけ根でねじれないようになっているのです。肩を軽視してはいけません。「肩は身体の眉毛」という言葉を念頭に置き、注意を払いましょう。

④ 腕と脚

腕と脚では、アクションラインがどちらか一方、または両方に走るので、ポージングも簡単です。これが当てはまらない場合は、人物画の授業で習った「流れ」に関するコンセプトを用います。私たちは流れと聞くと、自然に水を思い浮かべます。水は抵抗が最も少ない道を流れていきますが、ポージングも同じです。キャラクターの四肢のポーズに一貫性を持たせましょう。

これは、急に方向転換してはいけないという意味ではありません。肘や膝などの関節は、大きく曲がる場合もあります。水も同じで、地形によって急に流れの方向が変わります。その場合は抵抗が生じます。急激な角度の変化は緊張をもたらしますが、それがかえって適切な場合もあるのです。むしろゲシュタルトの法則（要素が組み合わさり、全体が体制化される）のように、身体パーツの集合体が互いに調和し、補い合います。それによって連続性がもたらされ、それぞれがすべて一緒に機能するのです。

これは、バレエダンサーのポーズにもはっきり表れています。もし、バレエが性に合わないのであれば、もっと男性的なアクションラインのアイデアを参考にしてください！ アクションラインが複数あることもあるでしょう。たとえば、両腕を走るアクションラインだって作成できます。それぞれのパーツがつながり、愛と平和と調和の中で1つの流れを生み出します。

3.16『モンスターホテル』（2012年）
このドラキュラのポーズには、アピールになる良いデザインが取り入れられています。両腕を走るアクションラインが、連続性と流れを生み出していることに注目しましょう

CHAPTER 3
ポーズテスト

⑤ 手首と足首

腕や脚と同様、「流れ」のコンセプトは、特にリラックスした雰囲気のポーズ制作で役立ちます。緊張感やコントラストの追加など、流れに逆らう場合は、キャラクターの構造に注意し、おかしな見た目や感覚になるのを避けてください。

自分の手首を調べてみると、前腕と同じ軸に沿って大きく回転し、上下に90度ほど動かせます。しかし、左右には最大約30度しか動きません。これ以上曲げると骨折しているように見えます。足首も同じなので、自分の足首の可動域を調べてみてください。私はこれまで、生徒たちによるたくさんの骨折した足首を見てきました。これは特にキャラクターが屈んで足を平らに接地し、かかとが人間の限界とされる90度を超えたときに起こります。そのようなポーズでは本来、母指球が回転し、身体の重みを支えなければなりません。

3.17 骨折した手首と足首
骨折した手首と足首の一例です。キャラクターのポージングでは、その構造に注意しましょう。ただし、素早いトランジションや高速アクションでは、すべての努力がふいになることもあります

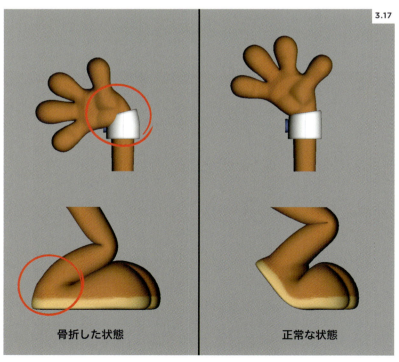

シーンの準備　ポーズのデザイン　アニメーションの原則　インタビュー MATT WILLIAMES　実践してみよう　アドバイス

⑥ 指とつま先

最後に、指とつま先を見ていきます。人間らしく描きたいなら、卓球ラケットのような手（指がまっすぐ伸びた既定ポーズ）は絶対に避けましょう。生徒の作品でよくこの手を目にしますが、正気の沙汰ではありません！　周囲にいる人の手を少し観察してください。誰もいないなら、自分の手でかまいません。何か気づきませんか？　手はいつ見ても素晴らしいポーズをしているのです。悪いポーズはありません。折り曲げた指には、素晴らしい適度な曲線があります。すべての指が同時に動くことはほとんどなく、曲がる角度もそれぞれ異なります。通常、指は先細りになっています。人差し指が最もまっすぐで、小指が最も曲がっています。

手は非常に重要なパーツです。表現豊かで、その人物が感じている多くのことを伝えられます。しかし、アニメーションでは二次的な要素として軽視されがちです。その一因は、他のパーツに比べて扱いが難しく、ポージングに手間が掛かるからだと思われます。通常、他のパーツよりもコントロールが多いので、そのぶん時間が掛かります。

ポーズテストは短期間で行う必要があるため、監督が最初にゴーサインを出すまで、手はそのまま放置されることが多いです。せめて指のコントロールをすべて操作して、緩やかな曲線を加え、卓球ラケットのような手にならないようにしましょう。

3.18『モンスターホテル』（2012年）
調理師の格好をしたカジモドの左手は、表現豊かです。ジョナサンの肩に置かれたドラキュラのエレガントな指とコントラストを成しています

CHAPTER 3
ポーズテスト

3.19 『くもりときどきミートボール 2 フード・アニマル誕生の秘密』(2013年)
中央のストロベリーと左端のカメラマンを除けば、このイメージにある顔はすべてわずかに伸びており、目にしたものに対する驚きが表れています

⑦ 顔

本書では、主にパントマイムとボディアクションを扱っているので、顔のパフォーマンスやリップシンクについて詳しく取り上げません。しかし、カートゥンアニメーションにおける顔は説明しておくべきでしょう。顔のアニメーションの多くは、最初に目をアニメート、次に眉毛、開いた／閉じた顎、口角と階層的なアプローチで作成します。これは理にかなったプロセスで、私もこの方法で顔のアニメーションを作成しています。

ここでは、ポーズに基づいた方法、特にスカッシュ＆ストレッチの原則についても説明しておきましょう。眉間にしわを寄せたり、目を細めたりして、顔の上半分を潰すときは、下半分も潰します。顎を上げて唇をすぼめ、頬を突き出し、全体が潰れた顔にします。これは次の動作への起点になります。つまり、眉を上げ、顎を落とした驚きの表情に移って、前のポーズと大きくコントラストを表します。極端な例かもしれませんが、会話の作成ではもっと微妙なアプローチを取ることもできます。たとえば「m」や「b」の音では、顔全体をわずかに潰します。ほとんどの場合、続く音で顔はわずかに伸びるので、顔のアニメーション全体に躍動感が生まれます。

アニメーションの原則

ここではカートゥンアニメーション固有の原則を簡単に紹介し、その使い方を見ていきます。

予備動作（アンティシペーション）

予備動作の主な目的は、次に起こることを鑑賞者に伝えることです。通常、メインアクションが起こる前に、逆方向の小さな動作で表現します。たとえば、階段を右足で上る前に、左足に重心を掛けるような行為です。怒った牛の場合、挑発する闘牛士に向かって角を突き立てて突進する前に、足で地面をこすり上げる動作に相当します。いずれもキャラクターの目的が示されており、前者は肉体的な動作、後者は思考プロセスを表しています。

カートゥンアニメーションでは主に、メインアクションに先立つ物理運動に注目していきます。これは3つのポイント「時間・強さ・量」に分けられます。**予備動作の時間**は、メインアクションが速ければ速いほど長くなります。これはエネルギーをためるようなものです。弓を引いて放たれる矢のように、キャラクターにも長い間ためを作れば、その後、速く動くことが期待されます。極端な話、画面から完全に消すことだってできます。その場合、ある方向に発射されたような印象を与えるため、逆方向に十分な予備動作が必要です。このとき、キャラクターを単純に画面から消すのではなく、「モーションライン」や「ドライブラシ」でモーションブラーの効果を作成しましょう。これらのテクニックはCHAPTER 6で詳しく取り上げます。

予備動作の強さ（または範囲）は、通常、メインアクションの強さに合わせます。しかし、どんなルールにも例外はあるので、予備動作の強さも楽しみながらいろいろ試してみましょう。たとえば、キャラクターがすさまじい勢いで反対に走る予備動作をするけれども、実際にはゆっくりのろのろとしたペースで走り出すように、コメディではその予想を裏切るところから始まります。

CHAPTER 3
ポーズテスト

3.20 『くもりときどきミートボール』(2009年)
シェルボーン市長が腕を伸ばし、頭を後ろに引いて、3つの ハンバーガーを1度に食べようとしています

最後に、**予備動作の量**を説明します。たとえば、予備動作をさらに想定することは可能でしょうか？ もちろんです！ キャラクターが上に向かってジャンプする場合、メインのしゃがむ予備動作の前に、母指球の上に少し立たせます。このように予備動作の予備動作、さらにその前の予備動作さえ想定できるのです。大半は1〜2の予備動作しかありませんが、その数もいろいろ試すと楽しめます。一方で、予備動作を必要としない動作もあります。何も考えずに予備動作をすべての動きに適用すると、アニメーションが型にはまり、魅力が失われます。例を挙げると、頭部の振り向きに必ずしも予備動作は必要ありません。場合によっては、シンプルなスローアウト／スローインで十分です。

生徒がよくやるのは、逆方向に予備動作を作成し、ブレイクダウンで腰を落とし、最後のポーズでオーバーランして落ち着くというものです。これをすべての動作で繰り返すと、予想可能になり、面白さが失われます。作成前にじっくり考え、想像力を働かせましょう。どれだけ速く（時間）、どれだけ激しく（強さ）、どれだけ多く（量）するかを自問すれば、面白い予備動作を作成できるでしょう。

誇張

ここで言う「誇張」とは、アニメーションと現実のアクションを区別する特徴の1つです。アニメーターの仕事は、非現実的なものを現実的に見せることであり、誇張はアニメーション手法の1つです。誇張というと物事を大きく広げることを想像しますが、特にカートゥンアニメーションでは顕著で、キャラクターが何かを見て驚くとき、眼球が文字どおり顔から飛び出します。これは分かりやすい例ですが、誇張には反対の意味もあります。極端なポーズを取る代わりに、キャラクターを完全に静止させ、片目だけをさっと動かして、ギャグを存分に活かすこともできます。次のように考えてみてください。**すべて重要なら、すなわち何も重要ではないのです。** つまり、すべてが誇張されたら、何も誇張されていないのと同じです。強調したい瞬間を際立たせるため、誇張のコントラストを意識しましょう。

では、ポーズはどのように誇張したら良いのでしょうか？ 本章で述べたとおり、大きな効果を狙うのであれば、アクションラインを見つけ出すことが鍵になります。見つけたら、それを前面に押し出しましょう。大胆にポーズを取り、どれだけ強調できるか試してください。反対に、誇張の範囲を最低限に抑え、その効果のほどを確かめてみても良いでしょう。コントラストが、アニメーションを面白くするのです。すべてを強調すれば良いわけではありません。

さらに重要なポイントとして、誇張は常にキャラクターやストーリーに基づいて作成しなければなりません。目的もなく誇張させると、生気のないテクニックの見せびらかしで終わってしまいます。作品はストーリーのために、ひいては鑑賞者のために作るということを、いつも心に留めておきましょう。

3.21『モンスターホテル』(2012年)
このフレームでは、鎧のキャラクターの誇張された大げさなポーズと、ドラキュラの誇張された落ち着きのあるポーズが面白いコントラストを成しています

CHAPTER 3
ポーズテスト

スカッシュ＆ストレッチ（伸縮）

カートゥンアクションと言えば、スカッシュ＆ストレッチです。カートゥンの世界ではキャラクターデザインが許す範囲で、いくらでもスカッシュ＆ストレッチできます。CGアニメーションの技術的な制約を挙げるとすれば、スカッシュ＆ストレッチ向けに設計されていないリグを使う場合です。最近のリギング技術によって、導入できる可能性は広がっています。フレキシブルなリグの需要が高まるにつれ、今後もっと発展していくことでしょう。

スカッシュ＆ストレッチを使うときは、通常、ポーズを極端に潰したり伸ばしたりしないよう注意しましょう。この動作の本質は、**そこに掛かる力がキャラクターを変形させる**という点にあります。弾んでいるボールを想像してください。ボールは地面の近くで伸び、速くなります。速度と摩擦がボールを引き伸ばすのです。衝突の瞬間、下側にそれ以上進めないので、抑えつけられたエネルギーが水平方向に発散します。どちらの場合も、人間の目でとらえきれないほどわずかなフレーム間にボールは潰れ、伸びます。これは「見るよりも感じる」と言ったほうが近いかもしれません。また、ボールがボリュームを保つため、伸びたときは中間部が縮みます。同様に、潰れたときは圧力を受けるので、中間部が膨らみます。ほとんどのリグは、これを自動計算してくれますが、その量は手動でコントロールしましょう。最新のリグにはこの機能が備わっています。

ボリュームの維持に関する1つの例外は、「スミアフレーム」を作成するときです。この場合、キャラクターは実写映画で表れるモーションブラーのように、フレーム内でぼけてボリュームは維持されません。スミアフレームはストレッチの特殊な部類なので、CHAPTER 6で詳しく取り上げます。ポーズテストの作成で、静止ポーズの極端な予備動作や速いアクションがない場合は、スカッシュ＆ストレッチを少しだけ適用しましょう。極端に力が掛かっていないときは、キャラクターを無駄に変形させないようにしましょう。一方、速いアクションや強いインパクトを作成するときは、この素晴らしいアニメーションの原則を存分に活用してください。そうすればキャラクターに生き生きとした躍動感が生まれ、アニメーションのカートゥンらしさが強まります。

3.22 スカッシュ
近年、リギングが進歩したことで、CGアニメーターは初期の手描きアニメーターと同等のレベルで、スカッシュ＆ストレッチをコントロールできるようになりました

タイミング（とスペーシング）

スペーシングはアニメーションの12原則に入っていないため、その重要性がよく軽視されています。私がこの言葉を初めて聞いたのは、業界に入って2年目、アニメーションスクールを卒業して4年後のことでした！ その理由は、当時、手描きアニメーションのコンセプトがCGアニメーションのワークフローにようやく伝わり始めた頃だったからでしょう。

ここでタイミングのセクションを割いてまでスペーシングについて説明している理由は、タイミングとスペーシングが密接に結びついているからです。同じ意味ではありませんが、最初はその違いがはっきりしないでしょう。簡単に言えば、**タイミングはオブジェクトが動いている間のフレームの数、スペーシングはそのフレーム間の距離**です。

これでもまだ分かりにくいかもしれないので、一例として**図3.23**を見てください。カートゥンアニメーションにおけるタイミングは通常、一般的なアニメーションよりも速くなっています。ワーナーブラザーズ初期の監督、テックス・アヴェリーとボブ・クランペットは、1〜2フレームでキャラクターに画面全体を横切らせることもあり、ディズニー映画でよく使われているスローイン・スローアウト（タメツメ）のアプローチと一線を画していました。これは極端な例ですが、カートゥンの「タイミング」はスペーシングの調整によって得られる結果なのです。

本書で取り上げるアニメーション『ブラインドデート』で、Mr.バトンズは開いた扉の先で見たものに対して素早い反応をします。タイミングでは、予備動作後に16フレームほどジャンプをします。これを穏やかなスローイン・スローアウトにしたら、おそらくカートゥンとは似ても似つかないものになっていたでしょう。しかし、スペーシングを広げて予備動作のファストアウトに変更し、ジャンプのポーズに着実にスローインすることで、もっとカートゥンらしい雰囲気を作成できました。タイミングは同じですが、スペーシングによって違いを生み出しているのです。

CHAPTER 4「ブレイクダウン」で、スペーシングについてもっと詳しく説明します。今のところはポーズテスト用のポーズを作成しているので、タイミングやカートゥンらしさについては気にしなくても大丈夫です。CGアニメーションの強みの1つは、タイムラインに沿ってキーをドラッグするだけで、簡単にタイミングを変更できることです。ブレイクダウンの追加を始めたら、アクション間に正しいタイミングが見つかるまで、キーフレームを移動していきます。

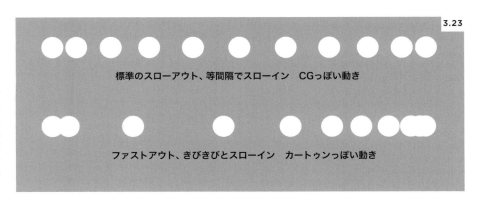

3.23 スペーシング
2つの列をよく見ると、どちらのボールも同じタイミングになっているのが分かります。スペーシングを調節するだけで、動きの感覚がまったく違う、カートゥンらしいものに変更できます

インタビュー

MATT WILLIAMES

Matt Williamesは手描きアニメーターで、ワーナーブラザーズ、ディズニー、ドリームワークスの有名作品に携わってきました。オスカーにノミネートされ、アニー賞の短編アニメーション賞を受賞した『アダム・アンド・ドッグ』(2011年)ではアニメーションを担当しています。最近CGアニメーションを始めたばかりの彼に、キャラクターアニメーションに関する考えやCGアニメーションへの進出について、聞いてみましょう。

Q. キャラクターアニメーションでは、何から取り組みますか？ キャラクターを作成するときの秘訣はありますか？

私はいつも監督と一緒に作業を始めます。監督が自分の描きたい明確なビジョンを持っている場合、その意見や世界観を取り入れるようにしています。キャラクターアニメーション制作では、それが成功の鍵であると感じています。明確なビジョンのない監督との仕事も好きです。なぜなら、たくさんのリファレンスを使ってキャラクターを自分で考え、映画の色に合った雰囲気を与えられるからです。全体的に監督が望むものを理解するように努めています。そして、キャラクターがストーリーに合うかチェックし、演技の観点から選択します。いくつかショットを作成してみて、準備がすべて整ったら、後は首尾良く作業を開始します。

Q. どのように計画を進めますか？ サムネイル、ビデオリファレンス、あるいは他のプロセスを行いますか？

良い質問ですね。サムネイルと答えたいところですが、私はそんなに作りません。サムネイルを先に作ると即興性が失われてしまうので、その感覚はアニメーションを作成するときに残しておきたいのです。サムネイルを作るアニメーターには、いつも驚かされています。サムネイルを作っても、彼らの作品には即興性が宿っています。

そうは言っても、頭の中で計画は立てています。私は前もって明確な計画を用意しないと仕事ができない人間です。先が見えなければ、何も描けません。私はグレン・キーンではないので、感情のままに描くことができないのです。グレンはドローイングを見るのではなく、その雰囲気をつかみ、それから描いています。私も雰囲気はつかめますが、目に見えないかぎり描けません。そのため、本当に視覚化する必要があるのです。

いくつかの主要なドローイングを基に、頭の中でショットを精密にまとめます。メインポーズが手元にあるかぎり、その入り方と別ポーズへの切り替わり方、そして、ビジネスの観点から何をすべきか考えることができます。私はそういったある種の制限を作り、その内側に留まるのが好みです。その領域内で自由に即興で作成し、少しおかしなキャラクターの癖や特徴を見つけていきます。

これはスタニスラフスキーとマイズナーの違いのようなものです。スタニスラフスキー（メソッド演技法）は、自分の経験をキャラクターに投影します。実際にあなたの家族が死んだら、キャラクターもその瞬間を経験することになります。キャラクターが姉や家族について考えるなら、あなたは祖母について考えます。一方、マイズナーの場合、あなたはその瞬間に深く感情移入しているため、自然にわき出てきます。面白いことにパフォーマンスでその違いがはっきり表れるので、この2つの領域では自分の選択したものが完全に異なる形になります。私の場合、サムネイルの作成がまさ

にそうです。サムネイルはスタニスラフスキーのメソッド演技法であり、自分の経験を真っ先に反映させます。しかし、それは自分ではなくキャラクターの経験であり、自分はキャラクターではないので注意が必要です。

そうした大まかなガイドラインに従い、自分をその瞬間に存在させます。ショットを大まかに作成していきますが、そこで思いも寄らない素晴らしい魔法が起こるので、しっかり集中してください。これが私のアプローチですが、場面ごとに異なります。これまでに作ったことのないものを作成するときは、頭の中で計画する方法も分からないので、ふだんよりサムネイルをたくさん作成するでしょう。たしかに、絵を見ることで出発点が分かることもあります。しかし、それでも私はサムネイルをほとんど作りません。

Q. 私がCGを新しく始めたとき、あなたのそばで一緒に仕事をできたことは大きな喜びでした。CGはどのような経験になりましたか？

私がCGを好むのは、それが最適なメディアであるときです。超リアルにするためではなく、得意なことを実行するためです。あらゆるアートのフォームには制限がないので、限界を決めつけたくありません。個人的には手描きアニメーションの方が好きです。CGを使うときは、キャラクターと自分が切り離されているように感じます。最初のショットをCGで完成させた後も奇妙に感じました。レンダリングとライティングを終え、他のアーティストの手には渡っていないので、そこに所有権のような感覚が芽生えると期待して、再生してみました。しかし、何も感じませんでした。何も感じなかったのです。

Q. どうすればそのギャップを埋められると思いますか？ツールでしょうか？コンピュータで解決できるでしょうか？

私はとても感覚的な人間です。手描きアニメーションでも、紙の上に描画するときに魔法のような力を感じるので、タブレットやアニメーションソフトウェアは使いたくありません。CGアニメーションでは、キャラクターに触れているように感じられないのです。現在、CG映画の多くでは、手描きのアニメーターが働いており、彼らの感性がふんだんに活かされているという事実を嬉しく思います。でも、手描きアニメーションなら、デザイナーになれるのです。たとえキャラクターをデザインしなくとも、素晴らしいドローイングをいくらでも作成できます。CGの場合、ポーズを取れなければそれまでおしまいです。キャラクターの頭上に腕が届かなければ、「運がなかった」と片付けられてしまいます。

もちろん、CGには創造的な部分もあり、チャレンジやごまかしもできますが、やり過ぎるとリグが壊れてしまいます。そのため手描きの性質を思うようにCGで表現できなかったときは、本当にいらいらさせられました。正直に言えば、紙をめくることや、実際に描き込むまでそこに何もないことも手描きを好む理由の1つです。それは文字どおり、作品を生むという作業であり、描いたらある種の所有権を実感できます。この感覚は他にたとえようがありません。CGが嫌いというわけではなく、実際に素晴らしい作品を作れると思います。ディズニーが魅力的なデザインやキャラクターを追い求める上で、ルーツに立ち返っていることは素晴らしいと思います。本当にCGが嫌っているわけではなく、単に手描きアニメーションに対する愛情とは別ものなのです。

インタビュー

CHAPTER 3
ポーズテスト

Q. 確かにキャラクターのポーズを取るのではなく、ポーズをデザインするという考えがあり、私もそれを素晴らしく思います。あなたのようにデザインセンスや魅力的なものを描く能力があっても、その美的センスをCGキャラクターに直接適用することができないというのは、フラストレーションがたまることでしょう

ええ。そこでまずキャラクターのポーズを取り、次に表現を洗練する段階でその上に描画していきます。既存の無表情のモデルには本当に苦労しました。試行錯誤を重ね、自分が描きたいものを作成しなければなりません。それはなんとかできても、次はその上に描画する必要があります。CGの素晴らしい点は、作成したドローイングがそこに保存され、後でその人形を修正できることです。人形とまぶたを合わせて、それに合うよう形状を変更することもできました。

Q. あなたはカルアーツ（カリフォルニア芸術大学）でアニメーションを教えていました。生徒と一緒に制作した経験から、またアニメーションのプロとして、アニメーターを志す人にどのようなアドバイスをおくりますか？ 競争率の高い業界で、どのように違いを生み出せば良いでしょうか？

難しい質問ですね。他のアニメーターとの違いは感受性から生まれるものです。1つ言えるのは、アニメーションには、楽しいことがたくさんあるということです。1歩後ろに下がり、自分を見つめてみましょう。私たちはみんなグレン・キーンが好きで、「アーティストであること」に関する彼の発言にも心酔しています。しかし、それを実際に行動に移しているでしょうか？ 私たちは映画をポップカルチャーとは対照的なアート形式としてとらえているでしょうか？「面白い」ことが最も大事なことと考えらえていますが、実際のところ何を意味しているのでしょう？

「面白い」という言葉を文字どおりに考えると、満員の映画館で観客の笑っている場面が思い浮かびます。しかし、私にとっての「面白い」はそれだけではありません。haiku（3行詩）は娯楽ではありませんが、優れたアートです。抽象的な思考で完璧に意図した効果を得ています。つまり、私が言いたいのは、映画もアート形式としてとらえるべきだということです。そうすれば、選択肢も変化してくるでしょう。単にウッディ・アレン、ソフィア・コッポラ、テレンス・マリックの映画を観るのではなく、彼らがなぜそのように制作したか考えることが重要なのです。理解できなかったら、もう1度見直して、深く分析してみましょう。映画の世界を注意深く観察すれば、物事をまったく違った形でとらえられるようになります。

アニメーション演技は、他の分野の演技とほとんど変わりません。映画『グッドフェローズ』（1990年）で、ロバート・デニーロが大きなトラウマに反応する場面があります。しかし、実際は見つめるばかりで何の反応も見せません！ そのキャラクターは、心の中で反応していたのです。彼のリアクション、リアクションの欠如を考えたとき、どうしてその選択をしたのかという核心に迫ることができます。私が思うに、学生の作品で欠けているのはそういう部分なのです。

『アダム・アンド・ドッグ』（2011年）では、説明を抑えた場面がたくさんありますが、それも意図的にやりました。誰かがドッグの性格が分からないと批評していましたが、その人はまったく別の方法論でドッグを見ているのだと驚かされました。

おそらくディズニー映画のようにとらえていたのでしょう。しかし、ドッグは本物の犬です。考えや感情を持っておらず、ただアダムの後ろをついて回ります。アダムは神様のイメージに基づいて創造されたので、森やエデンの園にいる動物とは違っていたのです。それがあの映画の良いところでもあり、微妙な理解が求められるところでもあります。つまり、常識から抜け出せば、作品には独特の魅力が宿るのです。

メディアを包括的に扱うときに、私はCGを好みます。超リアルにするためではなく、得意なことを実行するためです

MATT WILLIAMES

CHAPTER 3
ポーズテスト

実践してみよう

このチュートリアルでは、アニメーションの1ポーズをゼロから構築するにあたって、制作プロセスを順番に説明していきます。その他のポーズも、同じ思考プロセスと方法で作成しています。次のポーズに進むときは、リグをリセットして、またゼロからポーズを構築します。例外として、ほとんど変化のない一連のポーズをアニメートするときは、リセットせずに前のポーズを基に作成します。

ほとんどの大きなアクションでは、ポーズをリセットすることで、ジンバルロックなどの問題を防げます。高い回転値を持つコントロールを回転させると、確実にジンバルロックで絡まってしまいます。各ポーズをゼロから構築するのは手間かもしれませんが、最終的にその努力は実を結ぶでしょう。アクションラインに沿って丁寧に作業し、リグの同じ領域では使うコントロールを1つに絞りましょう。頭部を動かす場合、首の付け根を回転させません。どちらのコントロールでも同じ結果を得られるため、両方を回転させてしまうと、動きを洗練させるときに配置が難しくなります。

たとえば、鼻の弧のトラッキングで動作に不備があるとき、それはどちらか一方のコントロールが問題を引き起こしている可能性が高く、原因を突き止めるのも困難です。肩も同様です。[移動]と[回転]を行うときは、コントロールを1つだけ選び、作業を続けましょう。この段階では、アニメーションの基礎をしっかり構築し、後の負担をできるだけ軽減できるように、きれいに作業を進めることが重要です。

予備動作のポーズ

これから構築するポーズは、ブラインドデートに向かうキャラクター（Mr.バトンズ）が、玄関前で止まる前の予備動作のポーズです。このポーズのベースとして**図3.24**のサムネイルを使います。ただし、これは流動的なプロセスで、サムネイルを正確にコピーすることが目的ではありません。重要なのは、スケッチを参考に制作するのではなく、ポーズに関するアイデアと感覚をとらえることです。また、ポーズの本質をとらえるにはリグに柔軟性が必要です。リグの可動域に対処する必要もあるでしょう。

STEP 1

まず、アクションラインを見つけましょう（**図3.25**）。キャラクターの重心から外側に向かってポーズを構築していくため、アクションラインは必要不可欠です。このサムネイルはアクションラインに沿って描いたので、簡単に見つかるでしょう。サムネイルやビデオリファレンスでアクションラインを見つけるのが難しいときは、背骨全体の曲線がそれに相当します。ここではポーズに正確性を求めなくても大丈夫です。キャラクターリグのポージングプロセスでは、すでに移動・回転させた前のパーツに戻り、調整と改良を加えてポーズを強化していきます。

3.24 予備動作のポーズ

3.25 アクションラインを見つける

STEP 2

メインボディコントロールを移動、回転させましょう。このコントロールの名称はリグごとに異なります。リグによって、COG（Center of Gravity：重心）、やボディコントロールと呼ばれています。名前が何であれ、これでキャラクター全体を動かします（手足のIKコントロールを除く）。メインボディコントロールを選択、ポーズのアクションラインに合わせましょう（**図3.26**）。現時点では、やや固い印象を受けますが、次のSTEP 3で背骨の曲線を追加します。

STEP 3

キャラクターの背骨にポーズをつけ、コントロールを回転させてアクションラインに合わせましょう。大半のリグでは、FKまたはIKコントロールで背骨にポーズをつけます。アニメーターによって、好みのコントロールは大きく分かれますが、それらは無視してかまいません。自分にとって最も効果的なコントロールを選ぶことがベストです。背骨のポージングでは、コントラポストを念頭に置き、腰と胴体が正反対の角度になるよう意識しましょう（**図3.27**）。

3.26 アクションラインを合わせる

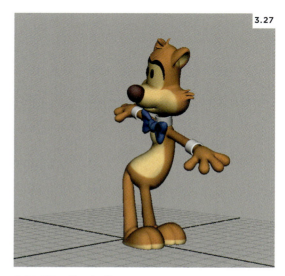

3.27 背骨のポージング

STEP 4

Mr. バトンズは、これから進む方向に目を向けるので、頭部を身体と反対方向に回転させましょう（図3.28）。これで張力も加わり、このポーズの後に続くアクションに適した、身体を巻いている感覚が生まれます。予備動作のポーズから素早く駆け出すので、このように張力を加えると効果的です。

STEP 5

ここまでのプロセスは簡単でしたが、今になってサムネイル（図3.24）の段階で深く考えていなかったことに気づきました。サムネイルでは地面に着いている足が間違った方向を向いていますが、これから進む方向を向かなければなりません（図3.29）。

次は、足を回転させ、浮いている左足が地面に着いている右足の上を越えるように設定しましょう。これで頭部と同様、ばねのように身体が巻かれている感覚が強まります。また、続くポーズでスミアフレームに入るとき、できるだけ身体のねじれを元に戻そうと思います。このように、独立したポーズは存在しないので、前後のポーズも考慮してください。常に変化を加えていくポーズテストの作成では、臨機応変な対応が大事です。

3.28 頭部のポージング

3.29 脚と足のポージング

CHAPTER 3
ポーズテスト

STEP 6

腕はサムネイルのシルエットに従わせていきます。Mr. バトンズの頭部はかなり大きいので、リグを崩し、肩を高くして、周りにネガティブスペースを作りましょう。これはメインカメラからは見えないので、必要な修正を加えてポーズを作成しています（図3.30）。

頭部が大きいため、こうした修正は他のステップでも求められるでしょう。また、指を折り曲げてこぶしを作ろうとしたとき、指の先端が丸く大きいせいで、構造的な問題が発生しました。しかし、ここもカメラからはほとんど見えないので、何の問題もありません。アニメーションを洗練するとき、私はこうしたトリックが見えないかどうかダブルチェックします。初期段階で大きな変更はよくあるので、ここではあまりディテールにこだわらないようにします。

STEP 7

私はいつもしっぽを後回しにしています。それは大抵垂れ下がり、後からついてくるものです。しかし、完全に固まっていると注目を集め、監督もそのことで何か言及するかもしれません。今のところは簡単にポージングしておき、アニメーションをさらに肉付けしていく段階で修正します（図3.31）。

3.30 腕と手のポージング

3.31 しっぽのポージング

STEP 8

ポーズテスト中、私はキャラクターのアイラインだけを頻繁にアニメートするので、目の焦点はしっかりしています（**図 3.32**）。キャラクターの意図はボディランゲージだけで表現し、顔のアニメーションはそのプラスアルファに過ぎません。また、顔のポージングには時間が掛かるだけでなく、始めに作成したポーズのほとんどを削除する可能性もあります。そのような要素に手間ひまをかけたくありません。通常、監督の最初のゴーサインが出た後に、顔のポーズとリップシンクを追加しますが、それはブレイクダウンの後です（CHAPTER 4を参照）。

今回にこの段階で顔のポーズを追加しましょう。目は明らかにこれから進む方向を向きます。顔の他の部分でスカッシュ＆ストレッチを少し試したら、右側を潰し、左側（目が向いている方向）を伸ばします。これで顔の表情は豊かになり、アシンメトリ（左右非対称）とアピールが加わります。

STEP 9

私はいつも監督がアニメーションの方向性に満足するまで、顔と同様にポーズの仕上げも残しておきます。そして、ゴーサインが出たらすぐ取りかかり、ポーズを滑らかにします。セカンダリコントロールで腕と脚に小さなベンド（曲げ）を加え、全体の形状を調整してもっと魅力的なものに仕上げます（**図 3.33**）。

一例として、頭部の形状が微妙に変わったことに着目してください。上げている足もカーブしています。こういった修正はたとえわずかでも、ポーズをより魅力的にしてくれます。また、髪の毛・耳・蝶ネクタイなど、これまで無視していたキャラクターのセカンダリパーツにも対応。こうしてすべてのポーズ、ひいてはすべてのフレームに注意と愛情を傾けることで、作品が際立ち、すべてのフレームに価値が宿るのです。

3.32 顔のポージング

3.33 仕上げ

アドバイス　　　CHAPTER 3
　　　　　　　　ポーズテスト

アニメーションの時間です!

まだ試したことがないなら、
Mr.バトンズでリグに慣れましょう。
同じリグは1つもないので、
本番前にまず練習から始めます。

これはリグを使ったアニメーションに関する手引きです。
ショットを始める前に、以下の準備をしましょう。

1. シーンに必要なリグやその他のアイテムに関するリファレンスを用意する

2.「すべて選択」のショートカットキーを作成する

3. アニメーション用のカメラを作成して、配置、ロックする

4. 本書で紹介した例に従い、ポーズを構築する

本章では1ポーズしか紹介していませんが、あらゆるポーズに同じプロセスを適用できます。では、ポージングを始めましょう！

同じショット、似たショットをアニメートしても、まったく新しいショットにチャレンジしてもかまいません。すべてはあなた次第です。

CHAPTER 4
ブレイクダウン

ブレイクダウンとは何でしょう？ 簡単に言えば、2つのエクストリーム(原画)間の動きを分割することです。

技術的な観点から言うと、主にオーバーラップアクション、身体パーツが描く弧(運動曲線)、そのアクションのスローイン・スローアウトを定義するものです。個性の観点から言うと、キャラクターについて多くを知ることができるものです。エクストリーム間のキャラクターの動きは、ポーズと同様に内面を示唆します。

たとえば、あるキャラクターのアクションが、腰ではなく頭や胸から動き始めると、強情で自信家のA型人間であることを伝えているのかもしれません。特にカートゥンアニメーションは、ブレイクダウンで愉快なことが起こるので、私はこの作業が大好きです。アクションが速い場合は、ブレイクダウンで「スミア」「モーションライン」「マルチプルリム（複数の手足）」などのテクニックを使用します。1つのアクションを分割するさまざまな方法を試せることも面白い理由であり、その可能性は無限です。

CHAPTER 4
ブレイクダウン

tweenMachine

Justin Barrett氏が作った**tweenMachine**を利用してブレイクダウンを作成しましょう（サポートページからダウンロードできます）。このツールは、ブレイクダウンの土台となるインビトウィーンポーズの作成プロセスを大幅に高速化します。これによってエクストリーム間の中間点に素早くキーを打ち、自分の好みに合わせて調整できます。

ゼロからブレイクダウンを作成するのは望ましくありません。Mayaは世界で最も無知なインビトウィーナー（動画マン）ですが、それでも私たちは2つの重要な理由から、Mayaが提供するものを利用するべきです。第1に、取っ掛かりを与えてくれるので、白紙状態から始めるのに比べ、時間の節約になります。第2に、Mayaで作られるものは、数学的に正確な2つのエクストリーム間のトランジションポーズなので、ブレイクダウンをしっかりした基礎の上に構築できます。この後の例では、実際にこの素晴らしいツールを使用していきます。まだインストールしていなければ、今すぐ行なってください。

ページめくり

ブレイクダウンを作成するときは、ブレイクダウンを視覚化するため、ページめくりテクニックを使うと便利です。[,]（カンマ）キーと[.]（ピリオド）キーで、手描きアニメーターのようにページをめくり、あるキーフレームから次のキーフレームへタイムラインを行き来できます。

これはタイムラインをスクラブするよりも正しい選択です。1つの理由は、より速いことが挙げられます。重いリグの場合は特に便利です。もう1つの理由は、[ステップ]以外の接線タイプで、キーが設定されていないフレームをスキップして、[ステップ]接線のルックを模倣できるからです。まだこういったホットキーを使ってないなら、積極的に活用しましょう。効果的なブレイクダウンの作成には、これらが不可欠と強く感じています。

4.3 tweenMachine
これが便利なtweenMachineのスクリーンショットです。見た目は地味ですが、その機能性は飛び抜けて素晴らしいツールです

優れたブレイクダウンを作る

技術的な観点から、ブレイクダウンポーズの作成で主に考えるべき3つの要素は、弧(運動曲線)、スローイン・スローアウト、オーバーラップアクションです。それぞれを詳しく見ていきましょう。

弧、反対の弧、アクションパス

ブレイクダウンポーズを作るとき、加えるべき主な要素の1つが「弧」です。これはアニメーションに美しさを、キャラクターに生きているような動きを与えます。自然物はどんなものでも弧の軌道で動きます。機械的・ロボット的な動きを強調する方法は、弧を完全に排除することです。弧は細かく洗練された動きを作る上でもカギとなります(CHAPTER 5で取り上げます)。これは、有名な「アニメーションの12原則」にも含まれている重要な要素です。

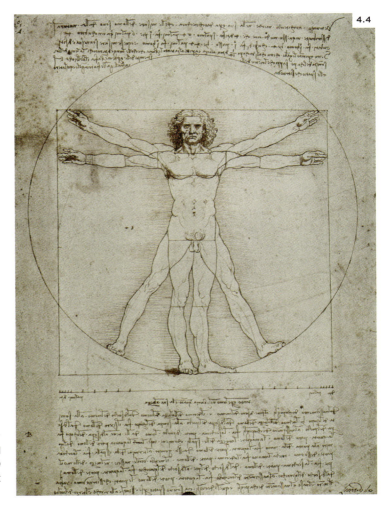

4.4 ウィトルウィウス的人体図
レオナルド・ダ・ヴィンチの「ウィトルウィウス的人体図」は、人間のプロポーションを研究したものです。人体構造や、四肢が弧状に動く様子も示されています

CHAPTER 4
ブレイクダウン

人間の動きを注意深く観察すると、ほとんどのアクションが腰から始まると分かるので、最初にブレイクダウンを作るとき、そこに弧を入れようとします。多くの場合、トランジションを通じて下降する腰の部分で、その弧は沈むアクションになるでしょう。しかし、よく考えずに毎回腰を下降させるのはよくありません。上に向かってジャンプする動作などは明らかな例外です。一般的に、キャラクターはいつも重力に引っ張られているので、下向きの弧が頻繁に描かれるでしょう。

すべては、キャラクターに重さがあるように見せることの一環です。他にも弧を描くキャラクターのパーツに、手首・足首・鼻があります。これらは明確な弧が想定される場所であり、こういった位置に誤った弧があると一目瞭然です。でも、描くのを止めてはいけません。実際にアニメーションの微調整を始めると、口角にも弧を描きたくなるでしょう。

弧を作成するときに考慮することの1つが、対比や対向する方法です。腰が下方向に弧を描く場合、腕は上方向に弧を描いているかもしれません。これは無理に行う必要はありませんが、反対の弧を取り入れる機会があり、それが自然に見えるのであれば、やってみてください！ こうするとアクションにコントラストが加わり、よりダイナミックで面白くなることがあります。

コントラストに関しては、シンプルな弧もあれば複雑な弧もあります。通常、私たちが思い浮かべる弧は、ある方向に曲がった単純な線です。しかし、アクションによって弧の向きは変化し、くねくねと曲がりながら複雑になることもあります（動きの複雑さによります）。それは、主に手首や足首などの末端で起こります。

たとえば、歩行サイクルにおける腰の上下運動では、1歩ごとに上下に揺れる単純な弧を描きます。しかし、2歩進む間に手首は上面から見て（側面から見てもわずかに）8の字を描きます。身体パーツがキャラクターの中心から離れるほど、アクションパスは複雑化する傾向にあります。アクションパスとアクションラインを混同しないでください。アクションパスは身体の特定パーツの軌跡をたどって作られる弧です。アクションラインはご存知のとおり、キャラクターの中を通る目に見えない線です。複雑なアクションパスもありますが、一般的に曲線や弧の性質を持っています。

弧の複雑さにとらわれ過ぎないでください。ほとんどの場合、ブレイクダウンを作るときに自然に形成されます。出発点は大抵腰です。腰の弧が描けたら、そこから主要な弧が描かれるポイント（手首・足首・鼻）にキーを打ちます。エクストリーム間でページめくりを行い、弧に注意しながらブレイクダウンを取り入れましょう。

スローイン・スローアウト

一般的に、私たちのキャラクターは物理法則に支配されているので、エクストリームポーズ間のトランジションには、ある程度のスローイン・スローアウトがあります。「一般的」ではないカートゥーンの世界の場合、物理法則を楽しく破ることができますが、ほとんどのアクションでブレイクダウンにスローイン・スローアウトを取り入れるべきです。すべてに同量のスローイン・スローアウトを与えると、アニメーションが均一でありきたりになる可能性があるので、注意してください。

スペーシングに変化とコントラストを加えるには、ファストアウト・スローインまたはスローアウト・ファストインを適用します。前者はカートゥーン調のアクションでよく見られ、素早い初期動作からスローインして徐々に静止します。私はブレイクダウンを作成するときに、やりすぎと言われるくらいこれを常用します。また、tweenMachineでブレイクダウンを作る場合、スライダを左右に動かすだけで、スペーシングを簡単に調整できます。

たとえば、最初のポーズがフレーム10、2番めのポーズがフレーム20にあり、その中間のフレーム15にブレイクダウンを作成しているとしましょう。このとき、スライダを左へ動かすと最初のポーズに重点が置かれます。スペーシングはスローアウト・ファストインの感じが出て、トランジションの最初が狭く、最後の方が広くなります。反対のファストアウト／スローインの効果を得るには、スライダを右へ動かします。私はどちらのエクストリームにも重点を置かず、中間点でブレイクダウンを開始します。こうするとオーバーラップアクションを利用してさまざまな身体パーツを異なる速度で動かせるので、一部にスローアウトを、他の部分にファストアウトを生み出せます。動きにリズムと複雑さが生まれ、より面白くなるでしょう。

4.5『怪盗グルーの月泥棒』(2010年)
ベクターは自己紹介しながらグルーのそばへスローインしています。ほとんどのエクストリームポーズにはある程度のスローイン・スローアウトがあります。しかし、大幅に誇張したアクションでは、視覚的なパンチを加えるため、この原則を適用しないこともよくあります

CHAPTER 4
ブレイクダウン

オーバーラップアクションと反転

オーバーラップアクションは、身体の各パーツが異なる速度で動くことです。これにより動作が分割され、より自然で流動的になります。前述のとおり、ほとんどのアクションは腰から始まるので、単純に身体の外側に移動しながら他のパーツを遅らせると、後からついてくるものを簡単に決定できます。

たとえば、ピッチャーが野球のボールを投げるとき、腰は後方へ予備動作を行い、上半身は残り、そしてボールを投げる手は1番最後にグローブに収まります。これは投球の予備動作の話です。この次をアニメートするときは再び腰が先導し、上半身が続き、腕はホームプレートに向かって勢いよく放たれるまで後ろに残ります。しかし、すべてがそのように単純ではなく、他の身体パーツがアクションを先導することもあります。

同じ例で、アクションの幅を広げたケースについて考えてみましょう。キャラクターがあまりにも勢いよく投げたためバランスを崩し、倒れないように腰と足がもつれるとしましょう。この場合、当初1番最後に動くパーツだったボールを投げる手が、主要な力に取って代わり、身体の残りの部分に後を追わせます。

確かに、腰でアクションを先導することが多いものの、どの身体パーツでも先導することはできます。それは野球のバットで殴られた頭部など、特に外的な力が加わったときに当てはまります。この場合、最初に動くのは頭部なり、続けざまに身体の残りの部分が後を追います。キャラクターの先導する部分、到達する時間をいろいろ試してみましょう。そうすれば、アニメーションが生き生きとして、ダイナミックになり、面白味を出せます。

4.6『ブルー 初めての空へ』(2011年)
ニコとペドロが飛んでいます。鳥の翼を1フレームずつ研究するのは、オーバーラップアクションを観察する良い方法です。翼の先端にある羽根は動きが遅れ、翼の根元とオーバーラップします

4.6

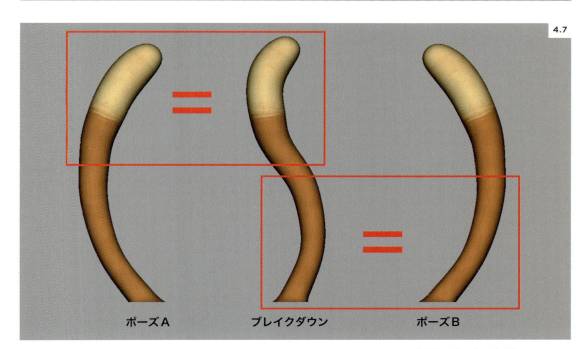

4.7 S字型カーブのブレイクダウン
反転を扱うときは、S字型カーブのブレイクダウンに着目してください。しっぽの根元が次のポーズBのカーブと一致し、しっぽの先端が前のポーズAのカーブと一致しています

オーバーラップアクションと関連するブレイクダウンで、重要な要素の1つが「反転」です。この反転という用語は、背骨が1つのポーズから次のポーズへと変化する様子を説明するときによく使われます。シンプルなC字型カーブの背骨が逆C字型カーブに移行するときに、反転が起こります。しかし、反転は背骨に限られるものではありません。腕の全体形状など、身体のどのパーツでも起こります。とにかく、反転の間にブレイクダウンを作成するときは、通常そのトランジションの中にS字型カーブが表れます。反転を分割してS字型カーブを作るのは、ややこしく感じるかもしれませんが、アクションを先導しているものとアクションを追っているものが分かれば、すでに半分はでき上がっています。

図4.7で左右に揺れるMr.バトンズのしっぽを見てみましょう。2つを比較するため、エクストリームポーズのC字型カーブ（ポーズA）と、全体形状が反転したもの(ポーズB)があります。まず、しっぽの根元はアクションを先導し、最初にポーズBに到達します。そのため、そのカーブは次のポーズBに近くなります。逆に、しっぽの先端はその後ろを追うので、カーブは前のポーズAに近くなります。こうしてオーバーラップアクションが生み出されています。これをブレイクダウンに取り入れるのは、確実に高度なワークフローであり、大変な場合もあるでしょう。しかし、アクションを先導するものを決めると、後に残るものが分かり、それに応じてブレイクダウンのポーズを設定できます。

CHAPTER 4
ブレイクダウン

スミア/モーションライン/マルチプルリム

モーションブラーの問題に対する面白く独創的なカートゥン調の解決法「スミア」「モーションライン」「マルチプルリム（複数の手足）」は、主にブレイクダウンの中で起こります。これらはかなり複雑な手順になることもあるので、テクニックについてはCHAPTER 6で詳しく取り上げます。

また、こういったエフェクトは作成に時間を要するため、状況に応じて、調整中あるいは調整後に取り入れます（エフェクト作成後に変更が生じると、特に手間のかかる可能性があります）。ここでは、作成せずにアニメートを続けますが、スペーシングの間隔が広いため、再生したときにつっかえて見えるなど、アニメーションにぎこちなさが残っていることを理解しましょう。

エフェクトの作成は楽しいので、はやる気持ちは分かります。また、再生シーケンスのルックを確認するため、早い段階でその効果を見たい監督もいるでしょう。先にCHAPTER 6に進み、すぐに試してもかまいませんが、アニメーションの仕上げの過程でガラッと変わるかもしれないということを念頭に置きつつ、ざっくりと行なってください。

4.8『モンスター・ホテル』(2012年)
この背景のようなモーションブラーはCGアーティストにとって目新しいものではありません。しかし、手描きアニメーターには利用できない効果です。代わりに、スミアやドライブラシなどの創造的なテクニックを駆使し、動きの速いキャラクターをアニメートするとき、その視覚的なギャップを埋めていました

プロのヒント
ブレイクダウンをさらに分解する

複雑なアクションの場合、1つのブレイクダウンでは不十分かもしれません。エクストリームポーズ間のトランジションに複数のブレイクダウンが必要なとき、どう対応しますか？

私は必要なブレイクダウンの数にかかわらず、まず2つのエクストリームの中間点にブレイクダウンを作ります。たとえば、最初のエクストリームがフレーム10で、次のエクストリームがフレーム18にある場合、その中間点であるフレーム14にブレイクダウンを作ります。その後、さらにブレイクダウンが必要になったら、最初のブレイクダウンを新しいエクストリームととらえ、同じ作業を繰り返します（いわば分割統治です）。完成する頃には、2フレーム毎にキーフレームが設定されているかもしれません。複雑なトランジションの場合は、すべてのフレームにキーが設定されていることもあります。すべてのフレームにキーを設定しても良いのです。カートゥンアクションではよくあることです。キーフレームが1フレームおきにある場合、さらにブレイクダウンを設定するため、それらを少し動かしてスペースを作る必要があるかもしれません。これはまったく問題ありません。私はブレイクダウンを作るとき、いつもタイミングをずらしています。

PEPE SÁNCHEZ

アニメーションの熟練者 Pepe Sánchez は、2D のインビトウィーナーとしてキャリアを開始、たたき上げで手描きアニメーターになりました。その後、CG アニメーションに転向、幼児向け番組『ぽこよ POCOYO』(2005～2010年)でアニメーション スーパーバイザーを務め、『ジェリージャム』シリーズ(2011年～)ではアニメーション監督を務めました。彼に自分の経験や、アニメーションマンに対する思いを語ってもらいましょう。

Q. どのようにキャリアを始めましたか？

私は 35 年前に手描きアニメーションのインビトウィーナーとして基礎から仕事を始め、周囲のアニメーターたちから学んでいきました。最初に携わったプロジェクトに『アステリックス』の映画シリーズの 1 つと、『ぞうのババール』(1989～1991年)があります。そのときは単なるインビトウィーナーでした。私にとって最初のアニメーションはディズニーの『テイルスピン』(1990～1991年)、次が『バットマン』のTVシリーズの 1 つだったと思います。その後、アイルランドに移住し、ドン・ブルースのスタジオで数年間働きました。私が入社した頃、彼はアリゾナ州フェニックスのスタジオに移るところで、『ペンギン物語～きらきら石のゆくえ～』(1995年)の最終段階でした。そこでは、『天使のわんちゃん チャーリーとイッチー』(1996年)に携わりました。

その後、アニメーションの仕事を探すためにスペインに戻ります。3D の時代に入ったため、手描きアニメーターが 3D アニメーションの仕事に就くのは難しく、実際に厳しい道程でした。スタジオは手描きアニメーターが 3D を担当するのは無理だと思っているので、3D で初めての職を得るのは一筋縄ではいきません。それでも、なんとか 3D の仕事に就くことができ、Dygra Films でスペイン語の映画に携わりました。その後、アニメーターとして『ぽこよ POCOYO』を担当、数か月のうちにスーパーバイザーになり、そこで 6 年間働きました。アニメーション監督として『ジェリージャム』に携わったのが、最後の大仕事となりました。その数か月前にオリジナル番組『Bugsted』(2013年)を制作し始めたからです。これはある種のマルチメディアプロジェクトで、ビデオゲーム、おもちゃ、携帯電話のアプリ、そして 1 分×13 話の TV シリーズから成ります。幼児向けというより、大人が楽しめるものになっていました。現在は、指人形を使った TV シリーズに取り組んでいます。

このように、私はいろいろなことに挑戦するのが好きです。同じ場所に長い間とどまりたくありません。飽きてくると、いつも転々とします。今はまた、手描きアニメーションに関わろうとしています。私は 3D で作るよりも手描きで作るアニメーションが大好きなのです。

Q. 手描きアニメーターだったので、3D に進むのは大変だったようですね。今ではその転向に成功していますが、手描きアニメーターの経験が 3D アニメーション制作に役立っていますか？

3D も私たちが学んだ方法で行われるので、アニメーターとしての強みはあると思います。アニメーションは習得するのに時間を要し、忍耐力が要求されます。私たちはコンセプトを理解するために時間を掛けますが、こういった習慣は必ずしも 3D アニメーターにはありません。彼らはとても速く学びます。1 年間で学校を終え、すぐにアニメーションを始めます。私はそれが理想的なやり方とは思いません。ツールの使い方は覚えられますが、アニメートする方法はしっかりと身につ

きません。これは時間の問題です。アニメーターの仕事は、素早く習得できるものではなく、時間を必要とします。たとえば、シルエット、アピールのある形状、弧などは、すべて手描きアニメーターの方が得意です。特にインビトウィーナーとして働く場合、弧について理解が不可欠です。

Q. キャラクターデザインはアニメーションにどのような影響を与えますか？

デザインは大きく影響します。『ぽこよ POCOYO』のキャラクターを例に挙げてみましょう。あひるの「ぱと」はさまざまなパーツの組み合わせでできているので、アニメーターは面白いことをさせたいと考えます。その結果、ぱとはそのデザインと構造によって特殊な方法で動作します。ゾウの「えりー」はもっとソフトで、おかしな動きはしません。また、メインキャラクターの「ぽこよ」と同じ動きにもなりません。このように、デザインとアニメーションは密接に結びついているのです。

Q. あなたは監督、デザイン、スーパーバイザーなど、アニメーション映画制作のさまざまな側面に関わってきました。いろいろな仕事をする動機は何ですか？

アニメーションに進む前にも、コミックブック、ストーリーボード、レイアウトなどを経験しました。アニメーションに転向した理由は、大好きだったからです。でも、やりたかったのはそれだけではありません。私はストーリーを伝えるのが好きで、そのためにはカラーデザイン、キャラクターデザイン、背景デザインなど、あらゆることを少しずつ学んでいます。監督として成功するには、これらをすべて習得する必要があります。

Q. 『ぽこよ POCOYO』と『ジェリージャム』はCGアニメーションとして革新的で独特のスタイルを持っています。そのスタイルはどうやって作り上げたのですか？

それは、一晩ででき上がったわけではなく、多くの試行錯誤を繰り返しました。特筆すべきは、第1シーズンの監督の1人に Guillermo García Carsí がいたことです（アヒルのぱとと同じくらい変わった男で、『ぽこよ POCOYO』の前はカートゥーンネットワークで働いていました）。彼はこのシリーズに多くのアイデアを提供し、アニメートする方法について明確なビジョンを持っていました。アニメーターたちも独自のビジョンを共有し、監督陣だけでなく全員がアイデアを出し合った結果、第1シーズンを通してユニークなスタイルができ上がりました。その特徴の1つとして、3Dによく見られる流れる動き（絵が決して静止せず、あらゆるものが動くこと）を避けています。『ぽこよ POCOYO』では、アニメーションカーブのスプライン化さえ行わず、[ドープシート]でアニメートすることを奨励しました。

Q. [グラフ エディタ]を使わなかったのですか？

はい。[グラフ エディタ]には触れていません。弧がおかしいときや問題解決のために確認することはありますが、通常は[ドープシート]を使いました。手描きアニメーションのように主要なキーを設定したら、スプラインではなくすべてをリニアで作成。自分たちでインビトウィーンを作り、手描きアニメーションのように、どちらかのエクストリームポーズ寄り（3分の1や半分）に設定しました。このように作業することで、コンピュータがすべてのギャップを埋めるのを防いでいます。

CHAPTER 4
ブレイクダウン

実践してみよう

これからいくつかのブレイクダウンを作成し、その裏側にある思考プロセスを詳しく解説します。最初のブレイクダウンは、CHAPTER 3 の終わりで作成した予備動作のポーズと次のポーズ（ブラインドデートの相手の玄関前で立っている）の間のフレームです。ここではキャラクターのスミアも行います（CHAPTER 6 で詳述）。スミアも懸案事項ですが、最優先事項は本章で学んだアピールのあるブレイクダウンの作成です。

選択肢を探る

Mr. バトンズがこの 2 つのポーズ間をどのように移動するかについて、すでにテストスケッチを描いているので、ブレイクダウンでは計画に戻ります。図 4.9 左下のスミアポーズを目標にしましょう。このブレイクダウンで、Mr. バトンズは左腕と左脚から動き、右半身は遅れてついてきます。

4.9 選択肢

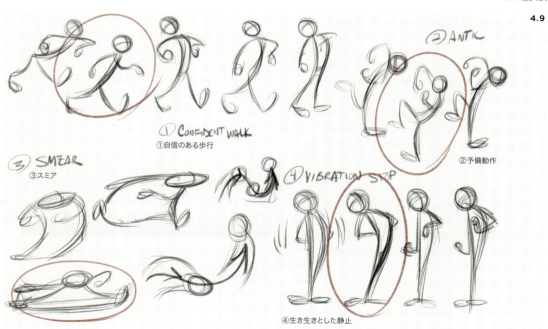

4.9

STEP 1

私はブレイクダウンの作成に必ず**tweenMachine**を使います。2つのポーズの中間のブレイクダウンを作るので、ウィンドウの中央ボタンをクリックしましょう。図4.10は、左から最初のポーズ、tweenMachineで作成したブレイクダウン、最後のポーズを示しています。あまり面白い結果ではありませんが、ポーズを作るための下地になります。

STEP 2

まず、ブレイクダウンでMr.バトンズの弧を下げるため、脚を床の上に広げます（**図4.11**）。エクストリームは直立姿勢なので、これは重力を考慮したきれいな急降下のアクションになります。左足を前方へ伸ばして右足を後方に残し、オーバーラップアクションも取り入れましょう。基本的に、足は2つのポーズ間にわたっています。これと後で付け加えるスミアによってギャップが埋まり、動くときエクストリーム間のネガティブスペースが減ります。また、開始と終了のポーズ間のタイミングは数フレームしかないので、ストロボのような動きが軽減されます。

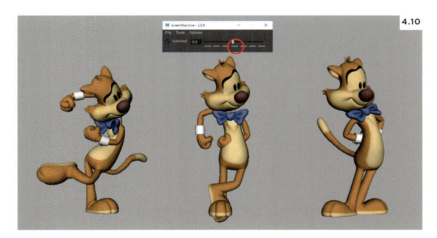

4.10

4.11

CHAPTER 4
ブレイクダウン

STEP 3
Mr.バトンズを前傾させ、次のポーズに向かって頭から起き上がるようにしましょう。こうすれば、頭が後からついてくるよりもきれいで直接的です。身体を前傾させてもまだ背が高過ぎるので、頭を下に移動して胸部に埋めるような形にします（図4.12）。蝶ネクタイはかろうじて見えているので、ポーズの調整で完璧に隠してしまいましょう。この青い蝶ネクタイはオレンジの身体から突出しているので、これを消しておくと、きれいなスミアフレームになります。

STEP 4
アニメーション計画のサムネイルでスケッチしたとおり、腕が身体のアクションを先導するようにしましょう（図4.13）。これは、ブレイクダウンを通じて、頭から傾いていく動作とも上手くつながります。また、全身が下向きに弧を描き、手は2つのエクストリーム間でほぼ一直線に動いているので、わずかなコントラストが生まれます。最後に、脚が形成する真っ直ぐの横線と対照的な、腕からしっぽまで流れるゆったりした曲線に着目してください。

4.12

4.13

STEP 5

ブレイクダウンはほぼ完成したので、次はポーズを洗練し、顔の微調整やセカンダリコントロールを行いましょう。まず、額と頬に動作の遅れを加え、腕には丸みを与えてゴムホースのように見せます（図4.14）。また、脚が地面にぴったりつくように調整し、左足を少し手前に曲げて動作の遅れを表します。こういった変更は微妙ですが、アピールを加えるのに大いに役立つでしょう。このポーズのスペーシングは、最初と最後のポーズの間で等しくなっています。1つのブレイクダウンポーズでは足りないので、最初のポーズからスローアウトして最後のポーズに素早く移ることにします。最初のポーズからこのブレイクダウンへの形状の変化が早いので、Mayaには任せず、自分でブレイクダウンポーズをもう1つ作成して、結果をコントロールしましょう。

STEP 6

図4.15の中央のポーズは、1つめのブレイクダウンと同じように、tweenMachineで作ったものを下地にして構築しています（ウィンドウの中央ボタンで下地のポーズを作成）。ただし、上半身（手と頭）が最初のポーズに大幅に寄るようにポージングしました。実際に、頭頂部をストレッチして、同じ高さにとどめています。最初のポーズと新しいブレイクダウン間をページめくり（[,]（カンマ）キーと[.]（ピリオド）キー）で行き来すれば、移動しながら頭頂部を近い位置に合わせることができます。ゴムホースのような腕と脚にも着目してください。素早いアクションを扱うときは、必要に応じて関節を崩し、動きに滑らかさを生み出しましょう。

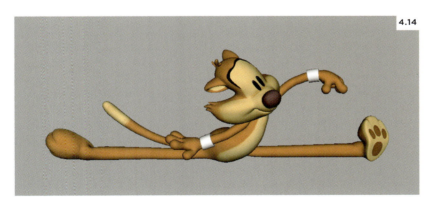

4.14

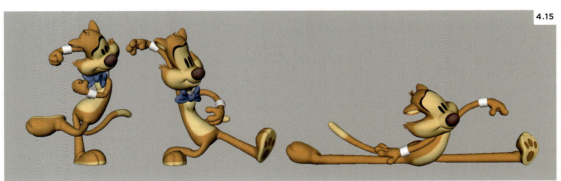

4.15

CHAPTER 4
ブレイクダウン

STEP 7

作成した2つのブレイクダウンだけでもスプライン化を始めるのに十分ですが、動きをよりしっかりとコントロールするために、もう1つだけ追加しましょう。tweenMachineの中央ボタンでブレイクダウンを作成したら、身体を上方へ移動して予備動作を加えます。ただし、頭を最初のポーズよりも上に移動したくないので（注意をそらす可能性があるため）、スカッシュして位置を保ちます。このプロセスによって、上の歯が頭を貫通して出っ歯に見えます。今回は修正する代わりに、顎を調整して、もっとはっきり見えるようにしましょう（**図4.16**）。こういったことは、よく起こる幸運なアクシデントです（アクシデントは大歓迎）。鑑賞者には見えない要素ですが、誰かがこのアニメーションを1フレームずつじっくり観察したら、きっと楽しめることでしょう。アニメーターに向けた「イースター・エッグ」（ちょっとした仕掛け）のようなものです。

4.16

STEP 8

次の例では、それほど誇張していないエクストリームポーズを選んで、ブレイクダウンを作成しましょう。このシーンの Mr. バトンズはドアをノックしたところで、背後からきれいな花を取り出そうとしています（**図4.17**）。カートゥン調の効果を加えますが、かなり控えめにしましょう。他のブレイクダウンと同様に **tweenMachine** で下地となるものを作ります。ここでも大部分のブレイクダウンと同様に、中央のボタンを使い、2つのエクストリーム間に中間点を設定。でき上がったブレイクダウンは、頭部がきれいな弧を描き、素晴らしいルックになっています。しかし、オーバーラップアクションがありません。すべてのものが同時に動いて、スペーシングは完全な等間隔になっています。もっと面白味を出してみましょう。

4.17

CHAPTER 4
ブレイクダウン

STEP 9

キャラクターの中心部分から開始して、そこから外側に移動します（もう私のワークフローはだいたい予測がつきますね）。このブレイクダウンでは、腰が先導し、胸部と頭部が後からついてくるようにします（**図4.18**）。1つのエクストリームから次のエクストリームまで、背骨のカーブは反転しませんが、求めているオーバーラップアクションを生み出すS字型カーブを取り入れます。また、頭部が次のポーズに戻る際はきれいな弧を描き、腰がブレイクダウンを通じて沈むときにもわずかに弧を描きます。

身体が複雑な形状を作る一方で、しっぽは単純化してS字型からシンプルな曲線になり、メインアクションの後ろから遅れてついてきている様子を表します。当初と比較すると、大きく変更されているのが分かります。さらに身体のすべてのパーツの均等なスペーシングを変更し、頭部は最初のエクストリーム寄りに、腰の回転は次のエクストリーム寄りにしましょう。

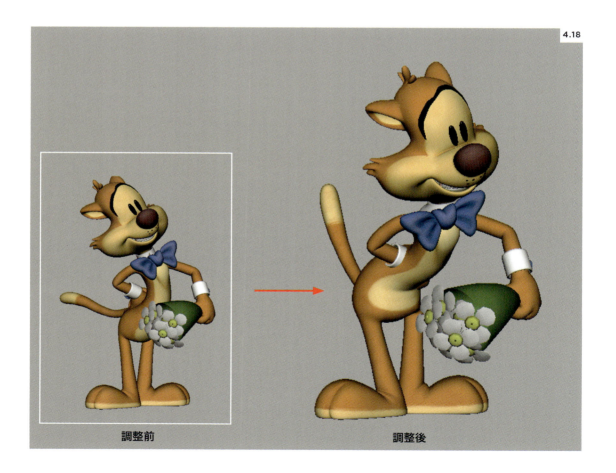

4.18

調整前　　　　　　　　　　　調整後

STEP 10

この例では、反対の弧を取り入れることはできませんが、コントラストになるアクション（身体が後方に動き、腕がその反対の前方に動く）を取り入れる機会はあります。このキャラクター展開によってアクションがさらに興味深くなるため、はっきりと描いて生かしましょう。まず、腕を広げ、肘を曲げた部分のネガティブスペースを大きくします（図4.19）。また、Mr.バトンズはどこからともなく（カートゥン・スペースと呼ばれます）デイジーの花を取り出します。これはカートゥン調の動きではなく、カートゥン調のアイデアの好例です。デイジーは、腕と手首で描かれるアクションパスの弧を追っているだけです。

STEP 11

頭部はわずかに前方に回転しているので、額を後ろに引いて顔を引き伸ばし、動作の遅れを生み出します。腕の形状も少し変えて、より曲線的にします（図4.20）。注意すべきは、アクションのタイミングによって、腕にどの程度のカーブを加えるか決めることです。8～12フレームにわたるゆっくりなアクションの場合、腕をこれほど曲げると腕に注目が集まり、キャラクターがとてもリラックスした感じになってしまいます。しかし、3～4フレームの素早いタイミングのおかげで、ポーズをより誇張することができます。

4.19

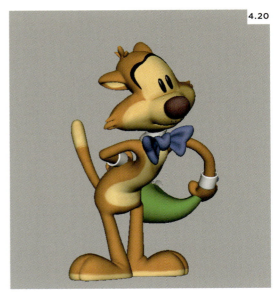

4.20

CHAPTER 4
ブレイクダウン

STEP 12

このアクションを完成させるには、もう1つブレイクダウンが必要です。tweenMachineで先ほど作成したブレイクダウンと最後のポーズの間に新しいブレイクダウンを作りましょう（**図4.21**）。この動きをもっときびきびとさせるため、今回は中央ボタンではなく、最後のポーズに寄るように右から2番めのボタンを使用します。ご覧のとおり、作成したブレイクダウンは最後のポーズにかなり近くなっています。これは使いやすいポーズで、そのままでも問題なさそうですが、面白味がないので少し調整を加えましょう。

4.21

STEP 13

最初のブレイクダウンでは、背骨のS字型カーブがかなり目立っていたので、胴体にその面影を残し、頭までつながっていることを表現しましょう。また、すべてが最後のポーズにスローインするのを避けるため、腕が最終的に止まる位置をオーバーシュートする（飛び出して戻る）ようにします（図4.22）。デイジーの素材の特性や、たくさんの小さな花びらによって風の抵抗が起きることも考慮し、その動きも大幅に遅らせています（実のところ、それはたてまえです。単にデイジーの動きをもっと遅延させたかったので、もっともらしい言い訳が必要だったのです！）。もうお分かりだと思いますが、Mayaが作ったものにほんの小さな修正を加えるだけで、ブレイクダウンはさらに面白く効果的になります。

4.22

| アドバイス | CHAPTER 4
ブレイクダウン |

ブレイクダウンを実行しましょう!

ブレイクダウンを作るのは楽しい作業です。
この時点で主な演技はすでに決まっているので、
ストーリーテリングとエクストリームポーズ間のトランジションを
どのように行うか、楽しみながら検討できるでしょう。

今度は頭を俳優から発明家に切り替え、個性的な答えやクリエイティブな解決策を考え出しましょう。引き続き、アクションをブレイクダウンしながらショットを作成します。以下の要素を必ず取り入れてください。

- スローイン
- スローアウト
- オーバーラップアクション
- 弧(運動曲線)

また、CHAPTER 6では面白いカートゥンテクニックを取り上げるので、組み込みたい場所を考えておきましょう。

CHAPTER 5
洗練する

『アニメーターズ・サバイバルキット』の著者リチャード・ウィリアムズは、アンプラギング（デジタル機器への接続を切断すること）の熱心な提唱者であり、仕事に完全に集中できるよう、気が散るものを排除することを勧めています。特にアニメーション計画、ポーズテスト、ブレイクダウンの段階では、これに賛成です。しかし、[グラフ エディタ]を操作して動きを洗練するのは、芸術的というよりも技術的な作業であり、ある意味、これまでとは違う仕事をしています。[グラフ エディタ]に精通していくほど、仕事は機械的になることでしょう。カーブを調整しているときは、その時間をもっと楽しめるような気晴らしが必要です。私はこの作業中、音楽やポッドキャストを聴いてます。

正直に言って、[グラフ エディタ]に何時間も費やしたくありませんが、偏見を持ってほしくありません。初めて[グラフ エディタ]を理解したとき、それが強力なツールであることに驚かされました。純粋に分析的な見方をすれば、[グラフ エディタ]のカーブはアニメーションそのもの、時間の経過とともに変化する値（数値）です！ カーブを触らずに動きを洗練する方法もいくつか紹介しますが、カーブの役割や、問題が起きたときに修正する方法の基本理解を深めることは重要です。本章の目的の1つは、これを行う実用的なヒントの紹介ですが、大事なことは、手元にあるラフなアニメーションのギザギザのエッジを滑らかにし、動きを美しくすることです。

CHAPTER 5
洗練する

完成度を上げる

私たちは完成度の高いアニメーションがどんなものか知っています。では、洗練された動きの本質とは何で、どのように実現するのでしょう？ それは主に2つの要素、弧（運動曲線）とスペーシングによるものです。何の秘訣もなく、本当にすべては弧とスペーシングで決まります。これまでの章で、両コンセプトを取り上げてきましたが、アニメーションの洗練プロセスではこれらが主な焦点です。どちらかが欠けるとアニメーションに問題が生じ、鑑賞者の注意がそれてしまうため、時間をかけて動きを洗練してください。

弧とスペーシングを見る目を養うには時間と経験が必要なので、ずれていてもすぐに分からないかもしれません。これらの確認に役立つ便利なドローイングツールがあるので、調べてみることを強くお勧めします（P.127 のプロのヒントにそのいくつかを掲載）。完成度における第2の焦点は、足が床を貫通したり、指先が持っているプロップを通り抜けないよう、ジオメトリの交差に気をつけることです。こういった種類の修正は単純明快なので、本章では洗練された動き、弧、そしてスペーシングに重点を置いています。

5.1 グラフ エディタ
[グラフ エディタ]（別名：スパゲッティ・ボックス）は多くの学生にとって悩みの種です。たくさんのカーブを見ていると、その理由がよく分かります。でも恐れないでください。助けがやってきます！

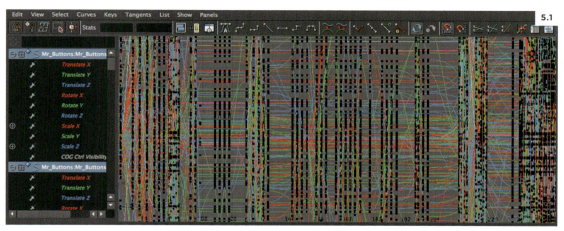

■時間をかける

学生たちの間でよく見られる落とし穴の1つが、アニメーションの洗練プロセスに費やす時間の少なさです。一般的に、動きを洗練することは、計画、ポーズテスト、ブレイクダウンの作成と同程度の時間がかかります。洗練する準備が整ったとしても、それはまだスケジュールの中間地点です。また、プロダクションによって、要求される洗練度は異なります。たとえば、長編映画ではCMやオリジナルビデオ作品よりも要求が高いでしょう。視覚スタイルについても同じことが言えます。スタティック・ホールド（静止状態）を含むリミテッド アニメーション形式のプロダクションで仕事をしている場合、洗練段階にかける時間は少なくなります。私たちは目標を達成するため、どのようなスタイルやスケジュールにも対応できるよう、長編映画レベルの高い完成度を学習することが大事です。それ相応に計画を立て、スプライン化と動きの洗練に十分時間をかけましょう。

5.2『カンフーパンダ』（2011年）
完成度に関連するのは、主に弧とスペーシングですが、ジオメトリの交差の修正も大事です。キャラクターが何かを触るときは常に、貫通の問題が起きないように注意しなければいけません。このショットを制作したアニメーターは難しい作業をこなし、ウサギたちがポーと交差しないように気を配っています

5.2

恐怖の変換

［ステップ］接線で作業している場合、動きの洗練を始める前に、まずそのカーブを別の接線タイプに変換する必要があります。しかし、これはきびきびとキレのある美しいアニメーションを台無しにしてしまう、恐ろしい瞬間になることがあります。そこで、4フレームルール（CHAPTER 4）をガイドに、これから紹介するテクニックの一部を用いると、ブレイクダウンパスとよく似た状態に戻り、その苦痛を和らげることができます。

スプラインを選ぶ

Mayaの旧バージョンでは、ほとんどのアニメーターが［ステップ］から［スプライン］接線に切り替えました。この［スプライン］接線の大きな落とし穴の1つに、設定したキーの値をカーブが越えてしまうオーバーシュートがあります（図5.3）。

以前はこういったオーバーシュートをすべて調節し、ステップのカーブと同じ形に戻すため、余計な手間をかけていました。Mayaの最近のバージョンには、［自動］接線と呼ばれる新しい接線タイプが加わりました。これは［スプライン］とよく似ていますが、厄介なオーバーシュートが起こらないという重要な改善点があります。［自動］接線は完璧ではなく、後でキーを加えるとおかしなことが起こる可能性もありますが、全体としては、［ステップ］から切り替えるのに素晴らしい接線タイプです。

一方で［スプライン］接線のオーバーシュートを好むアニメーターもいます。動きをほぐし、アニメーションをより自然に見せる幸運なアクシデントを生むことがあるからです。［ステップ］接線から変更するときに［リニア］接線を選ぶアニメーターや、隣接するキーフレームの値が近似しているか同一である場合に接線が自動で平坦になる、［クランプ］接線を好むアニメーターもいます。さらに、［ステップ］から変更せずに、ディテールを多く加えたいフレームにキーをそれぞれ設定するだけの人もいます。

接線タイプが何であれ、自分にとって最適なものを使用してください。これはCGアニメーションの素晴らしい点の1つです。同じ問題でもさまざまな対処法があるので、何か新しいことを試す、あるいは持っている知識を活用しても良いでしょう。大事なのは最終結果のみです。ただし、［ステップ］接線から別の接線タイプに変更すると、ホールドが失われる可能性が高いでしょう。これは次のセクションで取り上げます。

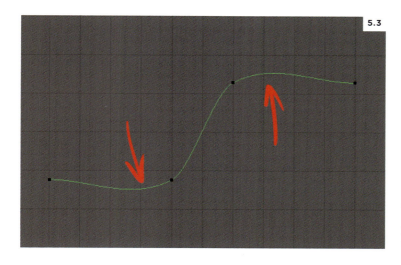

5.3 カーブのオーバーシュート
これはカーブのオーバーシュートの例です。アニメーションがキーフレームを越えてしまう［スプライン］接線タイプを示しています

すべてのカーブを別の接線タイプに変換するには、まずキャラクターリグのコントロールがすべて選択されていることを確認して、[グラフ エディタ]ですべてのカーブを選択、任意の接線タイプのボタンをクリックするだけです（**図 5.4**）。しかし、[グラフ エディタ]でショートカット[A]キーを押して、すべてのキーを確実に選択しないと、いくつかのアニメーションカーブが変換されず、別の接線タイプができてしまうでしょう。手早く簡単な方法は、タイムラインをダブルクリックしてすべてのキーフレームを選択、選択範囲を右クリックしてポップアップメニューから任意の接線タイプを選択します。これも[グラフ エディタ]の手法と同様に注意点があり、「タイムスライダ」の範囲に表示されているアニメーションカーブだけが変更の影響を受けます。したがって、必ずアニメーション全体を表示させましょう。また、接線タイプを変更するときは、[プリファレンス]で[接線]を変更することも重要です。[プリファレンス]パネルを開くには、[ウィンドウ]＞[設定/プリファレンス]＞[プリファレンス]（Window > Settings / Preferences > Preferences）を選択（**図 5.5**）。ここで設定しておけば、新しく作成するキーをすべて、先ほど変換した接線タイプに合わせることができます。

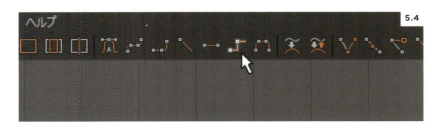

5.4 接線タイプへアクセス
[グラフ エディタ]ウィンドウの上から、Maya のさまざまな接線タイプに素早くアクセスできます

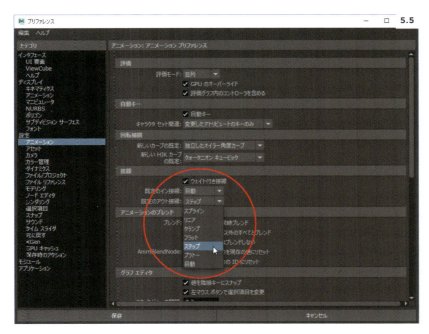

5.5 接線タイプのプリファレンス
[プリファレンス]で接線タイプを選択すると、新しく作成するキーの接線タイプを設定できます。注意点は、既存のアニメーションに影響を与えないことです

ムービング・ホールド

[ステップ] 接線の変換で最初に気づくのは、ホールドがすべて失われていることです。作成した12フレームのホールドは台無しになり、歯切れの良さもなくなっています。私は[スプライン]に切り替えたら、すぐにホールドをしっかり固定します。その方法はまず、ホールドの開始位置のポーズを、終了させたい位置（通常、次のキーフレームの2〜4フレーム前）にコピー&ペーストします。こうして「複製ペア」を作成します。[自動]接線を使えば、スタティック(静的)・ホールドになります。

もし、スタティック・ホールドのルックを求めていないなら、これをムービング(動的)・ホールドに変換し、キャラクターを生き生きと見せるわずかな動きを入れましょう。では、どうやって実行しますか？ここでtweenMachineの出番です。これはブレイクダウンの作成に有効なツールですが、ムービング・ホールドの作成にも重宝します。タイムラインでホールドの最初のフレームに進み、すべて選択した状態でtweenMachineの1番右のボタンをクリックします（**図5.6**）。こうすると最初のキーフレームが次のキーフレームの75%となるように変換されます。

計算はさておき、これは基本的に直前のポーズと次のポーズを混合するものですが、大幅に次のポーズに寄るのできれいなスローインになります。ここでも、カーブの不安定な動作に対処するため、[自動]接線を再適用する必要があるかもしれません。これはムービング・ホールドを素早く作成できる裏技の1つであり、ほとんどの場合これで上手くいきます。しかし、ご想像のとおり、これをすべてのホールドに適用するとムービング・ホールドの落ち着き方にちょっとした反復が生まれます（いわばムービング・ホールドの「流れ作業」的なアプローチです）。自然な感じを保ちつつコントラストを出すには、これらのホールドを見直し、動きに細かいニュアンスを加え、生き生きとさせる必要があります。

腕や頭の動きを遅らせるなど、ホールドの冒頭でキャラクターの一部をオーバーラップさせると、反復の解消に役立ちます。もしくは、身体の一部をオーバーシュートさせてから落ち着かせても良いでしょう。これらはブレイクダウンに適用したものと同じコンセプトで、規模が小さいだけです。

また、微妙なアニメーションの仕草を加えてムービング・ホールドを分解することもできます。たとえば、私は首を横に振る動作を多めに使いますが、これはあくまでもムービング・ホールドを分割する方法の1つです。「まばたき、そわそわした目つき、微妙な重心移動、息づかい」などもその一例です。こういった要素を加えると、キャラクターの各パーツで同じフレームにキーが設定されなくなり、ポーズの完全さが解消されます。私は大まかなタイミング変更のパスを作成した後、これらのレイヤーを入れることがよくあります。詳しい内容は次で取り上げましょう。

5.6 tweenMachine：ムービング・ホールドの作成
ブレイクダウンを作成する中央ボタンの次に気に入っているのが、1番右のボタンです。これは、ムービング・ホールドを作成するための良い出発点になります

リタイム

［ステップ］接線から他の接線タイプに変換すると、タイミングが変化します。［ステップ］の場合、キー設定したポーズはそのフレームに到達するまで表示されません。ところが［スプライン］では、キー設定したポーズの前からそのフレームに向かって動き始めます。［スプライン］への移行を和らげるため多くのキーを設定したとしても、［ステップ］のタイミングに戻すには、ある程度の変更は避けられません。

ホールドのキーを設定したら、時間をかけてキーフレームを調整しましょう。アニメーションのリタイムは、「タイムスライダ」で簡単に行えます（以前は［ドープ シート］や［グラフ エディタ］でこの作業を行なっていました）。キャラクターのコントロールをすべて選択して、［Shift］キーを押しながらタイムラインのキーフレームをクリック。左右にドラッグして位置を変更します。また、［Shift］キーを押しながらフレームの選択範囲をドラッグすることも可能です。中央の小さな矢印のハンドルを使うと、その選択範囲全体を移動できます（図5.7）。選択範囲の端にある矢印を使えば、キーフレームをスケールして、タイミングを縮小または拡張できます。ただし、これを行うとキーフレームが非整数フレームになるので、後で必ず修正してください。

キーフレームを選択した状態で選択範囲のどこかを右クリックし、ポップアップメニューから［スナップ］を選択します（図5.8）。セクションのすべてのフレームにキーが設定されている場合、「Mayaがいくつかのキーのスナップをスキップした」というエラーが表示されることがあります。フレームのキーの数が多過ぎると、Mayaはスナップする場所が分かりません。こういうときは手作業で配置を変え、場合によってはいくつかのキーを削除して全体を整数フレームに合わせる必要があります。キーをスナップするとタイミングがわずかにずれるので、これを行なったら必ず問題を修正しましょう。また、キーフレーム全体に修正を加える場合、タイムスライダ上でダブルクリックしてすべてを選択すると、時間の節約になります。

十分なブレイクダウンを作成してホールドを固定すれば、アニメーションは［ステップ］モードの時とかなり似てくるはずです。変換は完了し、緊張感のある段階は終わりました。しかも、すべてのキーがきれいに整理され、キャラクターの各パーツでは同じフレームにキー設定されています！こうしておけば、制作の後半で監督やスーパーバイザーから重要な指摘を受けても、比較的簡単に大きな変更を追加できます。

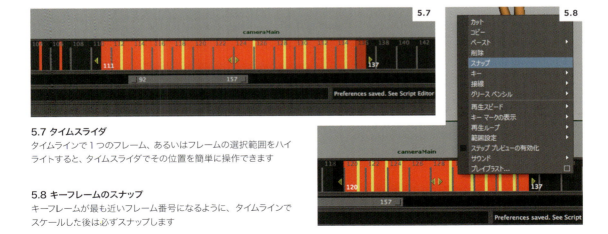

5.7 タイムスライダ
タイムラインで1つのフレーム、あるいはフレームの選択範囲をハイライトすると、タイムスライダでその位置を簡単に操作できます

5.8 キーフレームのスナップ
キーフレームが最も近いフレーム番号になるように、タイムラインでスケールした後は必ずスナップします

仕上げ

ラフなエッジを滑らかにし、アニメーションを仕上げる準備が整いました。動きを洗練する方法は主に2つあります。①［グラフ エディタ］を使う、②カメラビューで単純にキーを追加して、弧やスペーシングを描く、どちらの方法でも良いでしょう。それぞれ長所と短所があるので、その詳細を説明します。

［グラフ エディタ］で完成度を上げる

［グラフ エディタ］で完成度を上げるのは、骨の折れる作業に思えます。たとえ、慣れ親しんでいたとしても、個々のアニメーションチャネルは膨大で、それぞれの検討を思うだけで圧倒されるかもしれません。良いニュースは、すべてのカーブを触る必要がないということです。大事なのは、カメラビューでどのように見えるかだけです。［グラフ エディタ］に見映えの悪いギザギザのカーブがあったとしても、カメラビューでアニメーションが素晴らしく見えるなら、きれいなカーブを作るのに時間を無駄にする必要はありません。不要なキーについても同じことが言えます。

平坦なカーブに存在するたくさんのキーを見て、ある講師は不要なキーをすべて削除するように指導していました。しかし、これは時間の無駄に思えます。ここでは「壊れていないなら直すな」という格言が当てはまります。それでも、クリーンな［グラフ エディタ］で作業したいなら、Mayaにはアニメートしないチャネルのキーフレームをすべて削除する便利なコマンドがあります。これにアクセスするには、［編集］＞［種類ごとにすべてを削除］＞［スタティック チャネル］（Edit > Delete All by Type > Static Channels）を選択します。

私がいつもお勧めするのは、キャラクターの中心から始め、完成度を上げながら外側に進めることです。ご存知のように、動きの大半は腰から生じるため、アニメーションを洗練するときも、そこから開始するのは理にかなっています。後は個々のチャネルごとに分割して作業し、カーブに目立った障害がないかを探しながら、調整して動きを洗練します。一般的に、メインのボディコントロールのカーブは比較的きれいに見えます。キャラクターが壁にぶつかるなど急な方向転換のない限り、カーブにきれいな流れがあるはずです。キャラクターの中心から遠ざかるにつれて、カーブの流れに途切れが多く見られるようになります。これは、コントロールの親子関係によるものです。子は親の動きを継承するので、必然的にギザギザのカーブになります。

アニメーションチャネルで作業していると、そのカーブの働きがすぐには分からないかもしれません。そういった場合、私はいつもカーブを上下に動かして値を変更し、その結果をカメラビューで確認します。こうして実際にルックを見て判断すれば、確実に完成度を上げることができます。［グラフ エディタ］を恐れないでください。これはアニメーションの世界であらゆる力の源ですが、恐れながら手強い猛獣を支配することはできません。［グラフ エディタ］をマスターするには、手段を選んではいられません。カーブを確認しながら、いろいろ試してください。そして、値を変更したときに何が起こるか、カーブのキーのタイミングをオフセットしたときに何が起こるか見てみましょう。多くの場合、その結果に嬉しい驚きがあり、そのおかげでアニメーションがますます改善されていくでしょう。

［グラフ エディタ］のもう1つの利点に、ジンバルロック（キー間のおかしな回転）が起きたときに使える、手軽な魔法のオプションがあります。それは［オイラー フィルタ］と呼ばれ、［グラフ エディタ］の［カーブ］メニューからアクセスできます。Eulerは「ruler」（ルーラー）のように読めますが、実際は「oiler」（オイラー）と同じ発音です。どんな発音にせよ、このオプションをクリックすると回転が自動的に修正されます。

成功率は50％ですが、成功したときは本当に魔法のようです。では、［オイラー フィルタ］が上手くいかなかったときはどうやってジンバルロックを修正しますか？ まず、間違えたキーを削除してコントロールを再配置すると上手くいくことがあります。それでもダメなら、そのトランジションのすべてのフレームにキーを打つ必要があるかもしれません。この作業は面倒ですが、実際に行うケースはまれです。

5.9 『ホートン ふしぎな世界のダレダーレ』(2008年)
長編映画の特徴の1つは、品質水準です。その大部分は、アニメーションのラフなエッジをすべて滑らかにする最後の10％の段階で決まります。『ホートン ふしぎな世界のダレダーレ』の表現豊かなアニメーションでも分かるように、ブルースカイ・スタジオは多くの時間を仕上げに費やしています

CHAPTER 5
洗練する

[グラフエディタ]以外で完成度を上げる

アニメーターとしてのキャリアの中で、[グラフ エディタ]に決して触れようとしない少数のアニメーターに会ったことがあります。最初に会ったのはKen Duncan（CHAPTER 1のインタビューに登場）でした。それにしても、どうしてそれが可能なのかひどく困惑しました。これは現在のワークフローを取り入れるかなり前の話ですが、当時の私はほとんどの時間を[グラフ エディタ]に費やしていました。Kenは[グラフ エディタ]の使い方を知らないわけではありません。あえて使わずに、ジンバルロックの問題があったときだけカーブを確認しています。

そのような人は珍しいですが、私自身もアニメートすればするほど[グラフ エディタ]にかける時間が減っています。[グラフ エディタ]にまったく触れなかったショットも数多くあります。1フレームずつ設定することの多いカートゥンスタイルのアニメーションは、そういったやり方につながりやすいと思います。ほとんどのショットで、両方の組み合わせを用います。最初は大体カーブから着手してキャラクターの中心で作業します。しかし、作業が四肢の方へ進むにつれ、満足のいく完成度を得るためカメラビューで直接パーツを操作し、キーフレームを必要に応じて追加する方が簡単で直接的です。決して万人向きではありませんが、それがCGアニメーションの良さでもあります。これにより、多種多様なワークフローから選択できるでしょう。

では、[グラフ エディタ]を使わず具体的にどうやってアニメーションの完成度を上げるのでしょうか？

[グラフ エディタ]で仕上げる場合と同様に、メインのカメラビューでアニメーションを見て、弧やスペーシングを確認しながらボディコントロールから開始、操作の必要な場所にキーフレームを加えます。たとえば、2つのポーズ間に4フレーム分のギャップがあって、その弧がずれている場合、通常それらのポーズの中間点に進み、ぴったり合うまでコントロールを動かしてキーを設定します。弧を確認するにはタイムラインをスクラブするか、ページめくりテクニックを用います。この時点でキーフレームの前後は1フレーム分のギャップになり、大抵の場合、その間の弧は良好です。

アニメーションをしっかりとコントロールするため、すべてのフレームにキーを設定することもよくあります。これは面倒で手間のかかる試みのように思えますが、**片手をページめくりのホットキーに置き、もう片方の手でコントローラを正確な位置までそっと動かす**と、このプロセスはわりと速く進みます。キーフレームを行き来するだけでなく、1フレームずつページめくりを行いたい場合は、[Alt]キーを押したまま、[,]（カンマ）キーと[.]（ピリオド）キーを使いましょう。[グラフ エディタ]で完成度を上げる手法と同様に、メインボディの動きが片付いたらそこから外側に進み、仕上げていきます。

このプロセス（仕上げ全般）の唯一の注意点は、弧やスペーシングのズレを見つけるために、十分な観察眼を養う必要があることです。しかし、経験を積むまでは、制作に役立つ便利なツールがあります（プロのヒントを参照）。

プロのヒント
重ね描きツール

弧やスペーシングの観察眼を養うには、時間と訓練が必要です。それまでは、スクリーン上に描くことのできる素晴らしいツールが支援してくれることでしょう。こういったツールは、任意のオブジェクトの弧を追跡できる Maya 固有のスクリプトとは異なります（素晴らしく便利です）。それらをここで取り上げない理由は、コンピュータ上の作業をできるだけ昔ながらの手法に近づけたいからです。

ここで紹介するツールは、主に作業中のスクリーン上に絵を描くことのできる汎用ツールです。これは我々初期の CG アーティストが行なっていた「モニターに物理的に描くこと」と似ています。ブラウン管モニターだった時代は、スクリーンがガラス製だったので、ホワイトボード用のマーカーが最適でした。今日の液晶ディスプレイの多くは表面にもっと穴が空いているので、直接描く方法はお勧めしません。ただし、液晶ディスプレイのスクリーンに透明なアセテートフィルムを貼り付ければ、昔ながらの方法を実行できます。

これは包括的なリストではありません。私の使用ツールや他のアーティストに勧められたツールの中で人気があるものの一部です。無料と有料のものがあります（有料のものも比較的安価です）。

Annotate Pro（Windows、有料）
annotatepro.com

Deskscribble（Mac、有料）
Mac App Store

Epic Pen（Windows、無料）
sourceforge.net/projects/epicpen/

Highlight（Mac、有料）
Mac App Store

Ink2Go（Windows／Mac、無料）
ink2go.org

Sketch It（Windows、無料）
download.cnet.com/
Sketch-It/3000-2072_4-10907817.html

Zoomit（Windows、無料）
technet.microsoft.com/en-us/sysinternals/
bb897434.aspx

他に特筆すべきツールに、Maya 2014 以降に内蔵の [グリース ペンシル ツール] があります。これは上記ツールと同じ機能を持ち、さらに描いた絵にキーを設定してアニメートできます。描画したいビューポートで、[ビュー] > [カメラ ツール] > [グリース ペンシル ツール]（View > Camera Tools > Grease Pencil Tool）を選択しましょう。

T. DAN HOFSTEDT

T. Dan Hofstedtの履歴書は、アニメーションの著名人名鑑のようです。彼はストーリーボードアーティスト、2Dアニメーター、3Dアニメーター、アニメーションインストラクター、スーパーバイザー、監督を務めてきました。また、T.Danは才能豊かなミュージシャンでもあり、アルバムをいくつか制作して、スラックキーギター奏者としての腕前を披露しています。私は彼がスーパーバイザーを務める最新の『ルーニー・テューンズ』の短編CG映画に光栄にも携わったことがあります。今回、インタビューをお願いしたところ、彼は快く応じてくれました。

Q. あなたのアニメーションの経験と、手描きアニメーションから CG アニメーションへの転向について聞かせてもらえますか？

私は1980年代初期にカルアーツ（カリフォルニア芸術大学）に通い、ディズニースタイルの手描きアニメーションを学びました。その後、ハンナ・バーベラ・プロダクションで『The Smurfs』のTV番組（1981〜1989年）に携わります。サリヴァン・ブルース・スタジオの7年間では『アメリカ物語』（1986年）、『リトルフットの大冒険 〜謎の恐竜大陸〜』（1988年）、『天国から来たわんちゃん』（1989年）、『子猫になった少年』（1991年）、『セントラルパークの妖精』（1994年）を手掛け、その間、ジョン・ポメロイとドン・ブルースの下で学びました。ディズニーで仕事を始めたのは『アラジン』（1992年）の初期で、そこから12年間、8本の長編映画に関わりました。

『トレジャー・プラネット』（手描きキャラクターと CG キャラクターが登場するハイブリッドの意欲作、2002年）の制作では、3Dのロボットキャラクター「B.E.N.」（ベン）の試験的な2Dダイアログテストを任されました。初期のB.E.N.のCGモデルは、口のデザインの評判が良くなかったので、手描きアニメーションでいろいろな話し方を試しました。このキャラクターの作業では、CGリード アニメーターのOskar Urretabizkaiaと密に連携し、彼がCGの演技からたくさんの個性を引き出していることに感銘を受けました。本当に簡単に進めていたので、その方法を熱心に学びたいと思い、スタジオでMayaの入門クラスを受けたことが、私のCGキャリアの出発点となりました。

アニメーション制作が始まると、B.E.N.のアニメートの手伝いをさせてほしいと頼みました。私はすでに2Dキャラクター アロー（ロスコー・リー・ブラウンが声を担当する巨大な岩のクリーチャー、船の1等航海士）のリード アニメーターに任命されていました。しかし、B.E.N.はまだ声のキャスティングが決まらず、最終デザインやリギングも終わってなかったので、アニメーションの準備が整うまで数か月かかるだろうと監督たちに言われました。

そこでまず、アローに取り掛かり、彼のシーンの95％を手掛け大いに楽しみました。アローの映像が完成した後も、映画の他の未完成の映像がたくさん残っていたので、再びB.E.N.のチームに入れてもらえないか尋ねてみました。しかし、その時点ですでに、残りのショットは数人のB.E.N.のアニメーターに割り当てられていたため、諦めました。その後は、グレン・キーンの下でジョン・シルバーのシーンを手伝ったり、他のキャラクターのショットに関わりながら、映画を仕上げるサポートをしました。

映画のスクリーニングが行われた後、もっとユーモアを入れる必要があるという意見が出ます。

B.E.N.の声には、コメディアンのマーティン・ショートがキャスティングされたので、コメディの要素を取り入れる余地がたくさんありました。残された時間はほとんどないのに、急にB.E.N.のシーンが大幅に増えたのです。監督から「まだB.E.N.のアニメーションに参加したいか」と尋ねられたので、もちろん私はそのチャンスに飛びつきました。

最終的に、私の関わった4つのB.E.N.のショットは映画で採用されました。当然、学習曲線はありましたが、コンピュータを高価な鉛筆と考えるようにしたところ、上手くいきました。アニメーションの難しい部分は、演技、タイミング、性格に関して明確な判断が必要なところです。それはすでに理解していたので、その知識をコンピュータに移行しようと努めました。

Q. あなたは音楽を愛し、スラックキーギターの名人です。音楽の理解やミュージシャンとしての技術が、アニメーターとして作品に大きな影響を与えていると感じますか？

音楽とアニメーションには類似点がたくさんあります。ビート（拍子）・リズム・フレーズ・アクセント・ペースなど挙げるとキリがありません。たとえそのショットに音楽と台詞がなかったとしても、私はアニメーションのショットを音楽としてとらえています。ギターのように別のクリエイティブな表現手段があると、知識が広がり、アニメーションだけでなく他のものへの理解も深まります。自分が好きなこと、それが音楽、スポーツ、アウトドア、ガーデニング…何であれ、人生のそういった側面に対する観察力は、必ず作品に影響を及ぼします。私たちは自分自身の経験と観察によって、でき上がっているのです。

Q. スタイル面で言うと『モンスターハウス』（2006年）のモーションキャプチャの美学から『ルーニー・テューンズ』の大げさなカートゥーンスタイルまで、両極端のものを手掛けています。標準のアニメーションスタイルから外れたところでアニメートするとき、どのような準備が必要でしょうか？

アニメーションは共同作業の要素が強いメディアです。アニメーション制作を始める用意ができた頃には、すでに多くのクリエイティブな人々がプロセスに関わっています。デザイナー、監督、脚本家、ストーリーアーティスト、ビジュアルデベロップメントアーティスト、スカルプター、そして他のアニメーターによって、映画の初期段階は形成されています。つまり、アニメーションは、そのさまざまなスタイルによってクールになるのです。また、キャラクターたちが住んでいる世界には、特定のルールが作られています。彼らがその世界でどのようにふるまうのかをアーティストとして理解できるよう、仕事の範囲に制約があるのは良いことです。

アニメーターとしての準備は、自分自身で下調べとリサーチを行うことが必要不可欠です。つまり、脚本を読み、ストーリーボードとデザインに目を通し、質問をし、キャラクターの動き方（人間も動物も）をリサーチします。『ルーニー・テューンズ』のように昔ながらの確立されたキャラクターの場合、バッグス、ダフィー、ロードランナー、エルマーが登場する過去の素晴らしい有名作品を見て、世界中の誰もが一目で分かる一貫性を損なわないようにすることが、準備の一環となります。キャラクターの性格、特定の状況でのふるまいを理解すれば、判断も明確になるでしょう。

私たちが『モンスターハウス』で行なったように、独自スタイルの仕事を依頼された場合にも同じことが言えます。世界中の人々がこの新しいキャラクターたちを見たことがなかったとしても、アニメーターとしてキャラクターを熟知し、クリエイティブな判断を下すときは、映画を通じて一貫性を保つようにします。この一貫性によってキャラクターが鑑賞者に受け入れられ、上手くいけば感情移入し、関心を持つ機会が生まれます。

Q. 『ルーニー・テューンズ』の短編CG映画は昔ながらの短編アニメーションのルックと合うように大げさなスタイルで描かれています。そのアニメーションやスーパーバイジングは、どのような経験でしたか？

Reel FXで『ルーニー・テューンズ』の短編CG作品に関われたのは、興奮と栄誉に満ちた体験でした。多くの素晴らしいアーティストがこれらの作品に携わっていました。モデリングチーム、リギングチーム、ファーとフェザリング、アニメーターたち。彼らはみなキャラクターへ情熱を抱いていました。私たちは面白くて印象的なものを作ろうと必死に同じ方向へと突き進みました。そのおかげで仕事はやりやすかったです。まるである種の国宝を託されているように、私たちは、世界中で愛されている伝統的キャラクターたちの世話役でした。鑑賞者や同業者から厳しい目で見られると分かっていたので、最高級のものを作ろうと努力しました。手描きの2Dキャラクターを3Dで再現する試み自体に反対する「懐古主義者」が必ずいることも分かっていました。それでも、批判が起こることを理解しつつ、2Dの素晴らしい短編作品の原点となった精神に忠実であることを心掛ければ、成功する可能性は十分にあると考えていたのです。

私たちは伝統的なスタイルに忠実でありつつ、常に3D形式の限界を超えようと試みました。チームが達成したことを誇りに思いますが、何よりも嬉しいのは、この業界で唯一無二のヒーロー、エリック・ゴールドバーグ（『アラジン』のジーニーのアニメーター、『ルーニー・テューンズ：バック・イン・アクション』（2003年）のアニメーション監督）が「よくやった」と褒めてくれたことです。これは私にとってこの上ない称賛です。きっと私たちは成功したのでしょう...

Q. 『ルーニー・テューンズ』の短編CG映画ではマルチプルリム、ドライブラシ、スミアなど極端なカートゥンテクニックが活用されています。これらを取り入れるタイミングはどうやって決めたのですか、それとも主に監督が主導したのですか？ また、これらの手法でモーションブラーの問題に対処していますが、使用するテクニックはどのようにして決めますか？

私は、エリック・ゴールドバーグの下で『ルーニー・テューンズ：バック・イン・アクション』の2Dアニメーションパートに携わる機会があったので、大型スクリーンで「マルチプルリム」や「スミア」のドローイングには慣れていました。

こうした2Dテクニックが生まれたのは、単なるスタイル上の選択だけが理由ではありません。それらは、スクリーン上で素早いアクションが起きているときに、実写で起こるストリークやモーションブラーを手描きで模倣するための手法です（実写映画のカメラシャッターは、これを防げるほど速くなかったのです）。手描きアニメーションの歪み、スミア、マルチプルリムは、スクリーン上を素早く動く形状同士を視覚的につなげようとする試みから生まれました。制作者はこれらに創意工夫

5.10 『モンスターハウス』(2006年)
同じ誇張されたアニメーションでも『モンスターハウス』は『ルーニー・テューンズ』と正反対です。しかし、このイメージからも分かるように、キャラクターたちに独自の表現がないわけではありません

を凝らし、遊び心を加えています（『ライオン・キング』のシンバのあるショットでもマルチプルが使われています！）。

チャック・ジョーンズは、アニメーターたちにこれらの手法を採用させる名人でした。彼はアニメーションを「flurry of drawings（連続する描画）」と表現しましたが、腕や脚、目の連続で素早い動きを示す以上に、これを的確に表す方法があるでしょうか？ そのショットのニーズによってテクニックを使うタイミングと方法が決まります。見せることよりも感じさせることが大事なのです。つまり、「ダフィーには8本の脚がある！」と事実に注意を向けさせてはいけません。「ダフィーがあまりにも速く動くので、カメラがついていけなかった」と感じさせれば良いのです。私たちには1秒間で24フレームという制約がありますが、マルチプル、ぼかし、スミアを使えば、速いシャッターを実現できるでしょう。原則として、形状同士をつないで連続する動きを表現すると、鑑賞者にとって見やすいアニメーションになります（ルールは破るためにあります）。

Q. あなたはアートスクールやアニメーションスクールで教鞭をとり、たくさんの学生と関わってきました。アニメーションの世界に踏み出す学生に対してアドバイスはありますか？

最も重要なことは、描いて、描いて、描くことです。今日のコンピュータ中心の世界でも、描くことは極めて貴重なスキルです。それ以外では、生き物を観察し、常に学びを探求し、「お願いします」と「ありがとう」を言い、歯を磨き、デオドラントをつけ、仕事には遅刻せず、人と仲良くし、そしてアイデアを提供しましょう。

生き物を観察し、常に学びを探求し、「お願いします」と「ありがとう」を言い、歯を磨き、デオドラントをつけ、仕事には遅刻せず、人と仲良くし、そしてアイデアを提供しましょう

T. DAN HOFSTEDT

CHAPTER 5
洗練する

実践してみよう

ここでは、本章で取り上げた多くのテクニックに加え、起こりうる問題とその修正方法を実演します。

ステップ接線
STEP 1
［ステップ］接線を使っているなら、スプラインに進む前に全体を再確認し、キーを打っておくと良いでしょう。こうすると、ステップのポーズが確実にスプラインでも同じポーズになります。図5.11では、ポーズのすべてにキーが打たれていません。このままでは、接線タイプを変更したときに予期せぬ結果が生じる可能性があります。すべてのポーズでそれぞれのコントロールに確実にキー設定するため、単純に［S］キーと［.］（ピリオド）キーで、アニメーションを素早く移動し、すべてのポーズをロックします。

STEP 2
すべてのコントロールを選択して［自動］接線に変換した後、タイミングがずれることは予期していました（これは想定内です）。しかし、ジンバルロックの問題が生じたのは想定外でした（図5.12）。

Mr. バトンズがドアをノックして背後から花を取り出すとき、その腕は完全に反対方向に回転し、下向きにではなく背後で上向きに弧を描いています。さらに困ったことに、［オイラー フィルタ］でもこれを修正できません。［グラフ エディタ］を覗いてみると、肩のコントロールのX軸とZ軸の［回転］カーブが反対方向に飛び出し、高い回転値を生んでいます。このように、［グラフ エディタ］はジンバルロックを見つける1つの方法です。

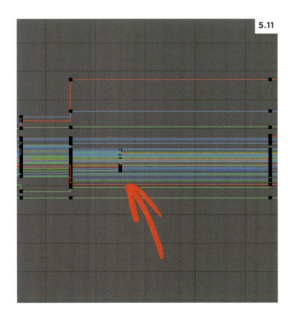

5.11

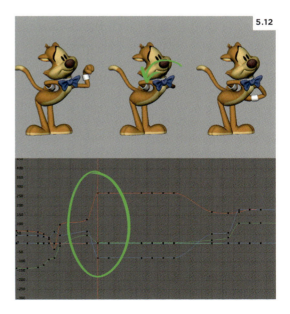

5.12

STEP 3

この問題はポーズ自体に内在していたので、コントロールをリセットし、回転値をゼロに戻して、腕を元の位置に回転させます。案の定、これで問題を修正できました！ **図5.13**の[グラフ エディタ]では、変更前（上）と変更後（下）を示しています。いつもこんなに上手くいくとは限りません。もし、これが上手くいかないときは、最後の手段としてトランジションのすべてのフレームにキーを設定し、力づくで腕を任意の方向に動かしましょう。

STEP 4

タイミングのずれている場所が数ヶ所あるので、ムービング・ホールドをいくつか加えます。どのパートでも基本的に同じ方法で行うので、ここでは1つの領域に絞って詳しく説明します。このアニメーションパートは、Mr. バトンズがフレーム207でデイジーを贈るポーズをとっています（**図5.14**）。

これが[ステップ]モードのときは、このポーズのままフレーム220の次のポーズまで静止していました。タイミングは正確で、ポーズも分かりやすいものでした。[スプライン]（[自動]）接線となった今は、フレーム207で同じポーズをとりますが、すぐに次のポーズ（フレーム220）に向けてゆっくりと動き始めます。これだと鑑賞者はこのストーリーテリングのポーズを解釈する時間がありません。さらに、ステップのときにあった明瞭なタイミングも失われています。今こそムービング・ホールドを作るときです。

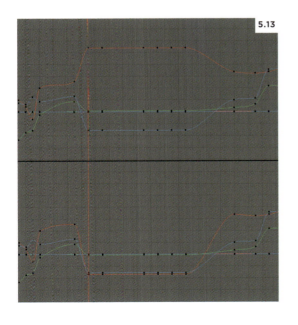

5.13

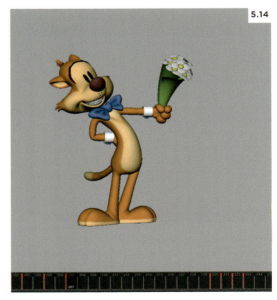

5.14

CHAPTER 5
洗練する

STEP 9
このアニメーションでは［グラフ エディタ］をほぼ使わずに完成度を上げていきます。これはすべてのアニメーションに対して最適の手法でありません。しかし、今回はアクションが大きく誇張され、多数のブレイクダウンが要求されるため、［グラフ エディタ］を使わずに完成度を上げるのが、おそらく最適でしょう。ここでは、Mr.バトンズが最初の歩行から予備動作のポーズに変化するアニメーションパートを説明します。

図5.19は、私がこのトランジションのために作成したすべてのブレイクダウンを示しています。タイミングの観点から言うと、各ブレイクダウンの間にはだいたい2～3フレームあります。全体として、Mayaが作成したインビトウィーンはよくできています。しかし、まだスペーシングや弧を手直しした方が良い場所がいくつかあります。次はそれを見ていきましょう。

STEP 10
これまで述べてきたように、手首は弧やスペーシングを描く上で重要な部分の1つです。図5.20は、トランジションから予備動作のポーズを通じて、手首がたどるアクションパスを示しています。大部分で弧とスペーシングは問題ないように見えますが、微調整が必要な場所もいくつかあります（赤い円）。円1の領域はスペーシングの問題を表し、方向転換の近くではスペーシングをもっと狭くするべきです。円2の領域は弧の問題です。腕が静止位置へ上がる前に下へスイングさせると良いでしょう。これらの問題領域では、腕のポーズを素早く変更すれば良いので、［グラフ エディタ］でカーブを調整せずに、カメラビューで直接修正する方が簡単です。

STEP 11
図5.21は手首のアクションパスを修正したもので、見映え良くなっています。しかし、主要な問題に対処した後、手首のスローアウトとスローインが少し均一であることに気づいたため、次のパーツに進む前に対処しましょう。ここでも［グラフ エディタ］で修正するのではなく、カメラビューで微調整するプロセスを用います。繰り返しになりますが、この手法を試しても上手くいかないときは、遠慮なく［グラフ エディタ］に戻ってください。きちんと仕事をこなせるツールが最適のツールです。

5.19

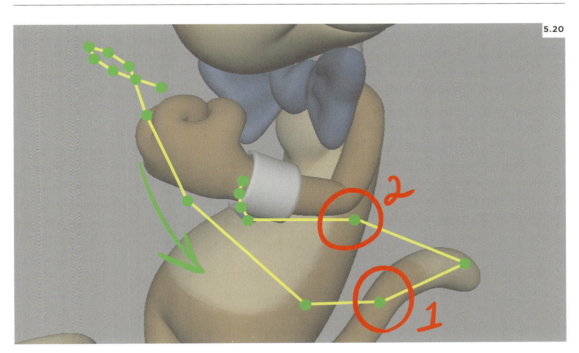

5.20

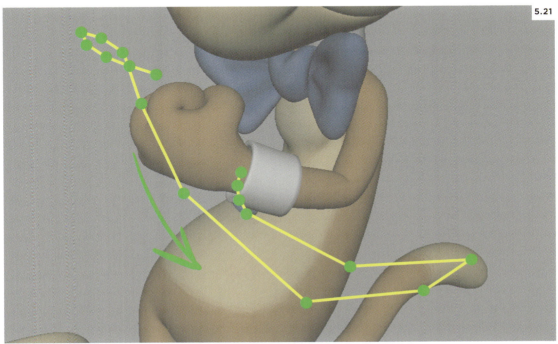

5.21

| アドバイス | CHAPTER 5
洗練する |

ブレイクダウンで俳優から発明者に頭を切り替えたように、
ここでは発明者から技術者に切り替え、問題解決、動きの洗練、
他に抜きんでる最後の10％を追加しました。

[グラフ エディタ]に慣れない多くの学生にとって、
これはプロセスで最もストレスの溜まる部分です。
慣れすぎは侮りを生むことも多いですが、今回は
これが[グラフ エディタ]を上達させる唯一の方法です。
最初はきっと苦労するでしょう。しかし、カーブを1つずつ
コントロールすれば、きっとこの猛獣を飼い慣らせます。

次の面白い作業に進みたくなるかもしれませんが、
この重要なステップを飛ばさないでください。
Mr.バトンズのアニメーションを洗練して、
根気強く、恐れずに打ち込んでください！

飛び込みましょう！

CHAPTER 6
カートゥンテクニック

最終章では、先代のアニメーターたちが開発した一風変わったカートゥンテクニックを取り上げます。前もって忠告しておくと、このアニメーションプロセスは簡単に聞こえるかもしれません。しかし、実際には忍耐を必要とします。すべてのフレームが重要ですが、すべてのフレームを等しく作成するわけではありません。6本の四肢のポージングで、鑑賞者が見る1/24秒（1フレーム）に何時間も費やすのは賢明ではないでしょう。

素晴らしい作品を制作するには、困難がつきものです。大変な制作を終え、ほっと一息ついたときには、すべてのフレームに価値のある素晴らしい作品ができ上がっていることでしょう。では、さっそくはじめましょう！

CHAPTER 6
カートゥンテクニック

モーションブラーの問題

これから紹介するテクニックは、モーションブラーの再現に関する問題を解決するために生み出されました（スタッガを除く）。実写のモーションブラーは、速く動いているオブジェクトがぼやけて見える現象です。これは撮影の副産物であり、静止画ではあまり好まれません。しかし、動画ではアクションを滑らかに見せる素晴らしいエフェクトになります。

手書きアニメーションでモーションブラーを再現するため、アニメーターたちはファストアクションに使える似たような効果の作成方法を探求しました。そして、問題を解決するために考案されたユニークな手法が、マルチプルリム（複数の手足）、モーションライン、スミアです。これらは後で詳しく取り上げ、実際の使い方を紹介します。同様にCGアニメーションの分野でも、モーションブラーの問題は何年にもわたって取り組まれてきました。今ではボタンをクリックするだけで、ぼけたイメージを自動レンダリングできます。しかし、カートゥン調のアクションやカートゥンテクニックでは、モーションブラーの使用を極力抑えなければなりません。さもないと、最終イメージをレンダリングしたとき、アニメーションからきびきびとした雰囲気が失われてしまうでしょう。

| モーションブラーの問題 | マルチプルリム（複数の手足） | モーションラインとドライブラシ | スミア | スタッガ（震え） | インタビュー JASON FIGLIOZZI | 実践してみよう | アドバイス |

6.1 『マダガスカル』(2005年)
本作ではモーションブラーの使用が極力抑えられています。アニメーターは、代わりにスミアフレームで大きなスペーシングギャップを埋め、がたつきを軽減しています。

CHAPTER 6
カートゥンテクニック

マルチプルリム（複数の手足）

「モーションブラーの問題」に対する効果的な解決策は、身体パーツのコピーをいくつか作成し、大きなスペーシングギャップを埋めることです。キャラクターの中で最もアクティブなパーツは四肢なので、このエフェクトでもたいてい手や足を増やします。実際には、どんなパーツでも増やせます（全身でさえも）。では、どれぐらい増やすべきでしょうか？ 厳密なルールはありませんが、3～4を超えることは滅多にありません。1つで十分な場合もありますが、通常は2～3です。また、増やす数は空いているスペースにもよるので、広い場合はたくさん必要です。増やした四肢の間の距離も重要で、通常は等間隔に配置します。バリエーションを加えるなら、その距離を1つずつ広げていくと良いでしょう。また、可能ならリグの透明度を調整し、メインの四肢に最も近い四肢を最も不透明に、最も遠い四肢を最も透明にしましょう。

マルチプルというと、真っ先にトレイリングリム（動きの軌道に沿った手足）が思い浮かびます。しかし、必死の動作を作成するときには、分散リムを使いましょう。この好例は、ワイリーコヨーテが置いたエサにロードランナーが近づくシーンです。ロードランナーが熱心にエサを食べる様子を表現するため、頭部のマルチプルインスタンスが使われています。短編映画『Coyote Falls』(2010年)で、私はロードランナーの冒頭シーンをアニメートしました。それがまさにエサをつつくシーンだったのです。複数の頭部を用意し、フレームごとに頭の位置、表情、数を変えて、マルチプルエフェクトを作成しました。この作成プロセスはトレイリングリムに比べ、システマチックではないので、実際に試して効果の度合いを確かめる必要があります。私はロードランナーがエサをつつくアクションを完成させるため、いくつか実験を行いました。

| モーションブラーの問題 | マルチプルリム(複数の手足) | モーションラインとドライブラシ | スミア | スタッガ(震え) | インタビュー JASON FIGLIOZZI | 実践してみよう | アドバイス |

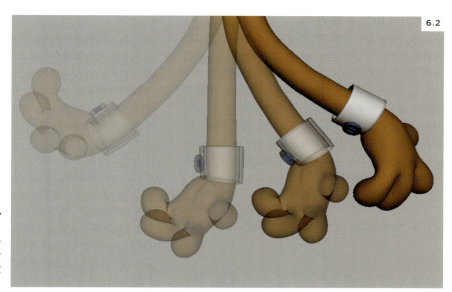

6.2 マルチプル トレイリングリム
動きの軌道に沿ったマルチプルリムの一例です。腕ごとに間隔が広がり、透明度が増しています

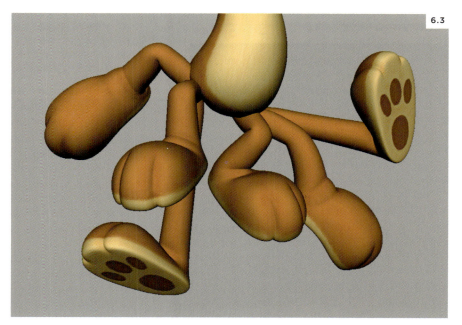

6.3 分散リム
無秩序な要素を含む分散リムの一例です。静止状態から煙を起こしながら急に走り出すような、速く走るアクションに効果的です

モーションラインとドライブラシ

子どもの頃の私は、ラザニアが大好きな猫「ガーフィールド」を夢中に描いていました。たいていは静止したガーフィールドでしたが（そのお腹も）、動きを表現したいときは、モーションラインを身体パーツの周りに描きました。これは昔からある有名なアニメーション手法で、ファストアクションの広いスペーシングを後から続くモーションラインでつなぎ、モーションブラーの錯覚を生み出しています。本章で紹介する他の方法と同じように、画面上では1～2フレームしか表示されませんが、とてもシンプルで効果的です。キャラクターの進行と同じ方向の弧や、キャラクターの後部エッジと大まかに合う形状で描かれています。場合よっては、両方のスタイルで描かれることもあり、そのモーションラインはクロスハッチのように見えます（図6.7）。

ドライブラシにも同様の効果があります。その名前は乾いた絵筆を使ったテクニックに由来し、絵の具をセル画の上に適用して、テクスチャのようなルックにするというものです。通常、太いブラシストロークから始まり、後方に離れるにつれ細くなっていきます。『ルーニー・テューンズ』のタズマニアンデビルが竜巻に変身するシーンは、この極端な例です。高速の動きを表現するため、セル画の上にドライブラシが使われています。キャラクターのパーツが竜巻から飛び出すこともあり、混沌としたコメディの効果を演出しています。

2Dアニメーターは、鉛筆で線（モーションライン）を描くか、素早いブラシストローク（ドライブラシ）でセル上をペイントし、モーションブラーの雰囲気を簡単に表現できます。しかし、3Dアニメーターの場合、そう簡単にはいきません。アニメーションをPhotoshopやAfter Effectsに読み込み、ツールで同様の見た目に仕上げるなどして、2Dアニメーターと同じような手法も取ることも可能です。しかし、Mayaですべての作業を行い、簡単にコントロールするため、シーンにリファレンスできる追加アセットを活用しましょう。このアセット（Swoosh）は、サポートページからダウンロードできます。

MayaにSwooshをリファレンスし、コントローラで形状・幅・色を変更します。Swooshはモーションラインとドライブラシの両方に使えます。通常、モーションラインは細く、色も一定ですが、ドライブラシは太い線から始まり、キャラクターから遠ざかるにつれて細くなります（図6.8）。ドライブラシはキャラクターの一部に接触、または重なることもあります。この両端の透明度を調整し、線を少しずつ細くしていきます。これは、最後に紹介するSwooshの使い方に関するチュートリアルを確認してください。Swooshを使ったモーションラインとドライブラシの作成は線描よりも複雑ですが、それでもMayaで伝統的な手描きアニメーションのルックを再現する上で、比較的簡単な方法です。

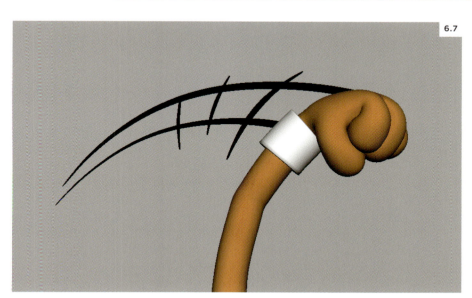

6.7 モーションライン
モーションラインはキャラクターの動きと並行、あるいは垂直の形でエッジに沿って描かれます。図では両方のアクションが描かれています

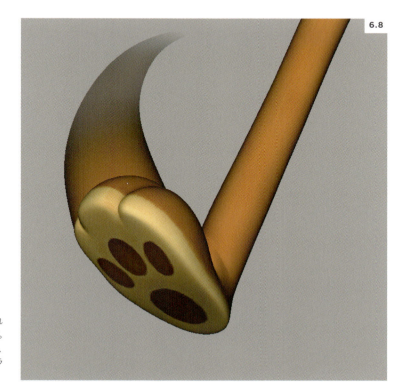

6.8 ドライブラシ
Swoosh のスケールと透明度を調整すれば、ドライブラシの見た目を再現できます。シェーダネットワークに精通していれば、シェーダにテクスチャを適用し、ドライブラシの感覚を強化することもできるでしょう

CHAPTER 6
カートゥンテクニック

スミア

スミアとは、キャラクター全身や身体パーツを変形させて、スペーシングギャップを埋める手法です。キャラクターは大きく変形するため、身体の表面的な構造は崩れ、現実から大きくかけ離れますが、同時に素晴らしいトリックになります。マルチプルリムやモーションラインのように、スミアもモーションブラーの代替手段として使えます。これは見た目だけでなく、シーンに取り入れる上でも楽しめるテクニックです。

ワーナーブラザーズの短編映画『ドーバー・ボーイズ』(1942年)をフレームごとにチェックすれば、全体を通じて自由にスミアが使われていると分かるでしょう。それは極端な例で、キャラクターがA地点からB地点に移動するとき、スミアフレームがその距離全体をカバーしています。本書で紹介した他のテクニックと同様、通常のスミアは1～2フレームです。それ以上に長いと目立ち過ぎて、鑑賞者の注意がストーリーから逸れてしまいます。

『ドーバー・ボーイズ』のようなスミアは、CG分野ではあまり見かけません。アートの観点から言えば、スミアは必ずしも極端にする必要はないのです。手がスクリーンを素早く横切るなら、指を引き伸ばすだけで十分でしょう。一般的にアクションが速く、大きいほど、身体パーツの変形も大きくなります。技術的な面から言えば、リグの多くは大きく歪むように設計されてないので、極端なスミアはあまり見かけません。身体パーツの大きさをスケールできるリグでも、変形の量には制限があり、やり過ぎるとおかしな形になってしまいます。幸運にも、Mayaスクリプトの専門家Bo Sayreが開発したboSmearというツールが、スミアの自由度を大幅に高めてくれました。このツールは次のページで説明します。

6.9

6.9 スケール
キャラクターの一部のみを変形させるスミアの場合、そのパーツのスケールを変更すると良いでしょう。この例では、Mr. バトンズが頭を素早く回し、その抵抗によって鼻がつぶれています

boSmear

個々のパーツにスミアを加える場合、柔軟にスケール変更できるリグが便利です。しかし、全身に強いスミアを適用するなら、**boSmear** が最適です（本書のサポートページからダウンロードできます）。boSmear を使うと、カメラレンズの前にポリゴンメッシュ（平面）が作成されます。このメッシュの頂点を操作してキャラクターを変形します。ツールを立ち上げると、複数のオプションを持つ GUI が表示されます（**図6.10**）。概要は以下のとおりです。

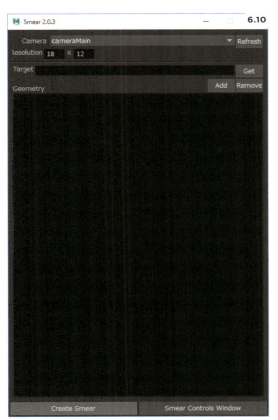

6.10 boSmear ツール
ポリメッシュを操作し、キャラクターを変形します

Camera（カメラ）
ポリメッシュをアタッチしたいカメラを選択します。パースカメラではなく、最終レンダリングで使用するカメラを選択してください

Resolution（解像度）
この 2 つのフィールドは、ポリメッシュ上に作られる水平と垂直の頂点数に対応しています。頂点の数が多いほど、スミアを微調整できます。しかし、ほとんどのスミアは既定で十分機能します

Target（ターゲット）
このフィールドで、変形の中心となるキャラクターのパーツを選択します。ほとんどの場合、キャラクターのメインボディコントロールが最適です。選択したら、[Get]ボタンを押します

Geometry（ジオメトリ）
変形したいキャラクターパーツをすべて追加できます。パーツを選択し、[Add]ボタンをクリックしましょう

Create Smear（スミアの作成）
上記の手順を終えたら、[Create Smear] ボタンをクリック、ポリメッシュ（平面）を作成してジオメトリの変形を実行します。[Animation Controls]ウィンドウで、メッシュの非表示、キー設定、リセットを実行できます

Smear Controls Window（スミアコントロール ウィンドウ）
[Animation Controls] ウィンドウを閉じても、このボタンを押せば再び開くことができます

CHAPTER 6
カートゥンテクニック

この段階で、カメラの前にあるメッシュを操作できます。メッシュを右クリック、調整したいコンポーネントタイプを選択しましょう。私はいつも［頂点］と［ソフト選択］を組み合わせて使います（[B]キーでオン／オフを切り替え）。これで選択した頂点の周囲は、きれいに減衰します。[B]キーを押したまま、マウスの中ボタンでドラッグすると、減衰レベルを調整できます。

では、さっそく試してみましょう。このメッシュは独立した別のレイヤーなので、キャラクターに設定したアニメーションには影響を及ぼしません。メッシュを変形させてキャラクターを微調整し、アニメートできます。準備が整ったらシーンを保存し、[Animation Controls]ウィンドウで選択可能なオプションリストを確認していきましょう。

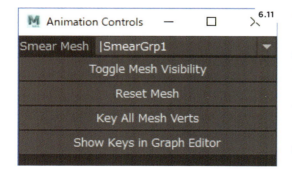

6.11 [Animation Controls]ウィンドウ
スミアメッシュのキー設定、リセット、非表示の操作を行えます

Smear Mesh（スミア メッシュ）
複数のスミアメッシュをシーンに追加できます。ここで操作したいメッシュを選択します

Toggle Mesh Visibility（メッシュの表示切り替え）
メッシュの表示／非表示を切り替えます

Reset Mesh（メッシュのリセット）
メッシュの頂点を既定位置にリセットします

Key All Mesh Verts（すべてのメッシュ頂点にキー）
メッシュにキーフレームを設定します。スミアを作成したら、このボタンをクリック。続けて、スミアの前後のフレームに移動し、メッシュをリセットして、このボタンをもう1度クリックします。設定できたら、特定フレームにのみスミアが表示されていることを確認しましょう

Show Keys in the Graph Editor（[グラフ エディタ]でキー表示）
メッシュのキーフレームにアクセスするときは、このボタンを押して[グラフ エディタ]のキーを表示します

ポリメッシュを選択すると、[チャネル ボックス] にある補足的なアトリビュートを使用できます。以下にその概要を簡単に示します。

6.12

6.12 [チャネル ボックス]
ポリメッシュの微調整は、選択したときに表示される [チャネル ボックス] で行います。

Smear Weight (スミア ウェイト)
スミアさせる量を調整できます。既定値は 1 です

Smear Soften (スミアの滑らかさ)
キャラクターのジオメトリが裂けたときは、このアトリビュートを調整します。値が高いほど、スミアが滑らかになります。既定値は 4 です

Smear Depth Scale (スミア デプス スケール)
キャラクターパーツがカメラから近すぎる／遠すぎる、またはスミアに含まれていない場合、スミアのデプス(奥行き)を増やします

Smear Depth Guide (スミア デプス ガイド)
変形の範囲（立方体）を表示して確認できます。[Smear Depth Scale]を調整するときは、このオプションをオン（1）にしておきましょう

Smear Mesh Transparency (スミアメッシュの透明度)
ポリメッシュの透明度を調整できます。既定値は 0.9 です

6.13 スミアを適用したモデル
中央は boSmear で作成した Mr. バトンズのスミアフレーム。前後のフレームも一緒に描かれています

6.13

CHAPTER 6
カートゥンテクニック

スタッガ（震え）

これまで紹介してきたテクニックと異なり、スタッガは「モーションブラーの問題」とは関係ありません。その代わり、キャラクターが特定の方向に進み、最終的に極端なポーズをとるときの歪みや震えを表現します。このルックを作成するには、2フレーム進み、1フレーム戻る数学的なアプローチをとります。

「数学が必要だなんて聞いてない！」と不満を言いたくなるかもしれませんが、数学と言っても簡単なものです。最初は少し難しく感じるかもしれませんが、何度か繰り返せばすぐに慣れるでしょう。まず、このプロセス全体に目を通し、方法を把握しましょう。右がスタッガのプロセスになります。

1. スタッガには開始と終了のポーズが必要なので、まずその両方を作成します。この段階ではまだ、ポーズの補間は気にしません。スタッガは似たようなポーズで構成されます。終了ポーズは開始ポーズを誇張したバージョンで、ポーズが大きく異なると、震えが汚くなります。

2. スタッガするフレームの数に合わせて、時間を十分に確保しましょう。通常は、12〜16フレームが適当です。16フレームのスタッガで開始ポーズがフレーム100なら、終了ポーズはフレーム116になります。後で新しいキーフレームを上書きするため、開始と終了のポーズ間にキーフレームを入れないようにしましょう。

3. 開始と終了の2ポーズをアニメーションの最後、あるいはアニメーションのないワークスペースにコピー＆ペーストします。タイムライン上でアニメーションをコピー＆ペーストしても良いですが、マウスの中ボタンドラッグと[S]キーでコピーすると簡単です。このワークスペースのアニメーションがスタッガのベースになります（後でタイムライン上の元の位置に、正しい順番でコピーします）。

    このとき、スタッガに必要なフレーム数の半分にしましょう。アニメーション全体がフレーム280で終了するなら、スタッガの開始ポーズをフレーム300、終了ポーズをフレーム308にコピーします（16フレームの半分）。なぜなら、**スタッガは特定のフレームを繰り返すことで機能する**ため、ベースとなるアニメーションは元のフレーム数の半分で十分なのです（図6.15）。

4. 最後のワークスペースにポーズをペーストしたので、次はキーポーズ間を埋めていきます。終了ポーズにはスローインしたほうが良いですが、開始ポーズはスローアウトとファストアウトの両方を使用できます。では、どちらがふさわしいでしょう？ スタッガ前のアクションがテックス・アヴェリースタイルのように速い場合、ファストアウトが適切です。キャラクターが巨岩を押すなど圧力で緊張している場合、アクションが穏やかなのでスローアウトが合うでしょう。[リニア]（ファストアウト）と[フラット]（スローアウト）接線タイプは通常、接線ハンドルを使わなくても上手く機能します。

5. ここからは楽しい手順です。キーポーズ間を埋めたので、次はアニメーションの最後（スタッガのワークスペース）にあるフレーム（300〜308）を、元の位置（100〜116）にコピーしましょう。この手順は順番が大事で、数学を用います、フレームをコピー＆ペーストするときは、**2フレーム進んで1フレーム戻る**手法を採りましょう。フレーム300はフレーム100のポーズと同じなので、コピーする必要はありません。

6.14 スタッガ
スタッガはキャラクターが緊張しているときや、重いオブジェクトを押し引きするときの表現に最適です。また、図のようなテックス・アヴェリースタイルにも向いています。

6.14

6.15 スペースの確保
スタッガを作成するときは、ポーズを正しい順番でコピー&ペーストできるように、アニメーションの最後にワークスペースを確保します

それでは、2フレーム進み、フレーム302を元の位置の次のフレーム101にコピー&ペースト。ワークスペースのフレーム301に戻り、これを元の位置の次のフレーム102にコピー&ペーストします。続けて2フレーム進み、フレーム303を元の位置の次のフレーム103にコピー&ペースト。また1フレーム戻って、フレーム302を元の位置の次のフレーム104にコピー&ペーストします。この2フレーム進んで1フレーム戻るプロセスを最後まで繰り返します。最終フレームをペーストした段階で、この数学的なアプローチは完了です。最後のフレーム116を削除し、115を最後のフレームにします。コピーを続けていると、進んだのか戻ったのか分からなくなるので、あらかじめスタッガチャートを作成しておくと良いでしょう。分からなくなったら、チャートを見て次のステップを確認します。

図6.16は今回のチャートです。2フレーム進んで1フレーム戻る方法でアニメーションをコピーすれば、実際には1フレームずつ順にペーストしていると分かるでしょう。これがスタッガ効果を生み出すのです。上手く作成できたら、ワークスペースのアニメーションを削除しておきましょう。

ワークスペース (コピー)	アニメーション (ペースト)
300	100
302	101
301	102
303	103
302	104
304	105
303	106
305	107
304	108
306	109
305	110
307	111
306	112
308	113
307	114
308	115

6.16 チャート
スタッガチャートの一例。位置が分からなくなったとき、チャートが役立ちます

プロのヒント

自制心

ここまで紹介したようなテクニックを、アニメーションの中心に据えようとする傾向が見られます。私たちアニメーションフリークは、いつもそうした素晴らしい、一風変わったフレームを追い求めていますが、学生もよくこのテクニックを使ってフレームを作成しています。しかし、このようなエフェクトは主役ではないので、アニメーションをカートゥンのショーのようにしてはいけません。学習中は夢中になってかまいませんが、鑑賞者に向けたアニメーションを作成するときは自制し、必要なときに必要なだけテクニックを取り入れましょう。

インタビュー

JASON FIGLIOZZI

Jason Figiliozziがリングリング・カレッジ・オブ・アート・アンド・デザインの生徒だったときに、私たちは出会いました。彼はそこでカートゥン調の短編映画『Snack Attack』(2008年)を制作し、アニメーターとしての輝かしいキャリアを歩み出します。その後、『くもりときどきミートボール』(2009年)、『塔の上のラプンツェル』(2010年)、『ベイマックス』(2014年)の制作に携わりました。今回、忙しいスケジュールの合間を縫って、いくつか質問に答えてもらいました。

Q. アニメーターを志したきっかけは？

ずっとマンガ家になりたくて、7〜18歳ぐらいまで校外でカートゥンのクラスを受講していました。その後は、アートとカートゥンを教えている先生の下で働きました。彼はRichという名前で、ニューヨーク州北部のサラトガ競馬場で競馬のカートゥンを売っていました。その後、もっと現実的で定型化された油絵を描くようになり、現在も続けています。彼はそれで生計を立てており、私はそのときアートで食べていけることを知ったのです。

本格的にCGアニメーションを志す決定的なきっかけは、高校時代にあります。11年(高校2年生)時にニューヨークでAPアートクラスを取りながら、リベラルアーツカレッジのような全科目学べる大学を探していましたが、アートの専門コースはありませんでした。そのとき、先生からリングリング・カレッジのカタログを受け取りました。そこには、Patrick Osborneや後に親交を深めた大勢のアート作品が掲載されていました。また、インターネットで生徒たちの短編映画を観て、同じようなアートを制作してみたいと思いました。こうして、自分が特にカートゥンやアニメーション映画を好きなことに気づいたのです。

子どもの頃は『トイストーリー』(1995年)が大好きでした。他のアニメーション映画と違っていたことに刺激を受けたのですが、当時はまだアニメーションが本当に好きなのか分かりませんでした。高校でも小さなパラパラ漫画を作る程度で、アニメーションの原則もリングリングで初めて知りました。

Q. 現在はアニメーションで生計を立てていますが、今でもアニメーションは好きですか？

もちろんです！労働時間が長い、健康的な生活が送りにくい、家族にあまり会えないなど、ときには問題もありますが、大画面に自分の携わった作品が映り、大勢の人が反応する様子を見るのは素晴らしい体験です。他のアーティストの反応を見るのも良いですが、映画館いっぱいの観客が反応するのを見ると、本当にやりがいを感じます。

Q. リングリングで過ごした日々を振り返ってください。短編映画『Snack Attack』は本当にカートゥン色の強い作品です。単なる学生映画に留まらず、当時のCGアニメーションの可能性を広げた作品でもあります。どうしてあのような方向性になったのでしょうか？

この短編映画のプリプロダクションを始めたのは、4年生になる前です。そのときは、自分にできることを試したいと思いました。私はワーナーブラザーズのカートゥンが大好きで、当時、短編映画『ドーバー・ボーイズ』を初めて観たことも影響しています。あのような作品を観たことがなかったので、様式化した作品を制作して、アニメーションを同じ領域まで高められたら素晴らしい体験になると思ったのです。今になって思い返すと、私の作品はいろんな面でやり過ぎだった気もします。

しかし、純粋に楽しかったのです。たくさん努力して、自分にできることを試したり、思い留まったりの連続でした。今でもすべてのショットでやり過ぎたことが悔やまれます。私はいつも手を加えすぎるので、後で現実路線に修正することになります。スカッシュ＆ストレッチのテクニックは実におかしく、あの短編映画の本当の目的は、観客を笑わせることにあったんだと思います。そして、人と違うことにも挑戦したかったのでしょう。

Q. あなたの作品には『ドーバー・ボーイズ』のような一風変わったスミアフレームが使われています。しかし、簡単にスミアを作成できるツールは当時ありませんでした。どのように作成したのですか？

たくさん試行錯誤し、特定のショットには別のリグを作成して、そのつど必要なものを考案しました。多くはリグに組み込みましたが、そのせいで動作がとても遅くなりました。さらに、[ラティス デフォーマ]でキャラクターパーツのサイズを変えて、どれだけ伸ばせるか試しています。また、リングリングの生徒Jamil Lahhamが、別の方法を知っていたので議論を重ねました。

彼のやり方は、[ラティス デフォーマ]を適用しておき、特定フレームで形状をコントロールしたい場所に使うというものでした。いくつかの理由から、OCD（オフセットカーブ変形）をリグに組み込む必要がありました。最終的にそれらはツギハギになり、納得のいく結果は得られませんでした。すべてを望むような形にはできませんでしたが（本当に満足のいく結果には決してたどり着けません。しかし、どこかで作業を終わらせなければいけないのです）、そのいくつかは上手くいったと思います。

Q. 学生映画でSonyから注目された結果、あなたは『くもりときどきミートボール』の制作に参加することになりました。『Snack Attack』での経験がそこで役立ちましたか？

そう思います。当時、Sonyのアニメーション部門長だったPete Nashに採用されました。『Snack Attack』が彼の注意を引いたのだと思います。しかし、私の学生リールには良い演技があまりなかったので、心配されたのをよく覚えています。リングリングで聞いたこともない側面は、Sonyで学びました。『くもりときどきミートボール』では、本当に楽しく制作することができました。

Q. 『くもりときどきミートボール』の後はSonyを離れ、ディズニーで『塔の上のラプンツェル』の制作に参加しています。『塔の上のラプンツェル』はディズニーアニメーション、とりわけCGアニメーションという点で、大きなステップアップになった作品です。それはアートにおける自然な流れだったと思いますか？それともディズニーで特別なことが起こり、品質面で変更を迫られたのでしょうか？

それは、ジョン・カアーズとクレイ・ケイティスというリーダーに関係しています。もちろん、制作に携わっていたグレン・キーンも同様です。ジョンとクレイはアニメーション部門長でしたが、グレンもある意味、部門長のような存在でした。彼は非常に素晴らしい2Dのセンスの持ち主で、CGの可能性を広げようとしていましたが、周りの人間はCGでそんなことができるわけないと答えていました。しかし、彼は可能性を広げなければならないと主張し、実際にスケッチを描いて、こうすればできると言ったのです。私たちはその期待に応えるために努力し、グレンのドローイングのエッセンスを学び

インタビュー

CHAPTER 6

ました。この映画で私のお気に入りはポージングです。すべてのフレームのポージングは信じられないような品質で、演技の選択もリグも素晴らしかったです。リギングにおける新しい1歩を踏み出した作品と言えるでしょう。

新しい挑戦や演技の選択をサポートしてくれる人の存在も重要でした。カアーズはたった一目でシーンを理解し「もう少し面白いものが必要だ」「こうすれば、ショットがもっと魅力的になる」など思いも寄らないことを指摘するのです。彼は素晴らしい観察眼を持っていました。それはクレイも同じでした。彼らはアニメーション業界で長く働き、経験豊富です。そして、グレンもポーズやいろんなことをサポートしてくれました。私をはじめ、そこにいた大勢の人々にとって、それは初めての経験だったと思います。説明するのは少し難しいですが、私たちはそれからもずっと進歩を続けているのです。

Q. 多くのアートスクールがPixarスタイルを取り入れるようになったのは興味深い事実です。さらに、一部のスタジオでも同じようにPixarスタイルを取り入れはじめました。しかし『塔の上のラプンツェル』はその流行とは少し違った新しいCGアニメーションでしたね

それは、ウォルト・ディズニー・アニメーション・スタジオが持つ手描きの文化から来るものだと思います。過去のディズニー映画を見ると、演技とポージングが素晴らしいことが分かります。その多くは、スタジオの文化や基礎から来ていると思います。もちろんすべてのスタジオに当てはまるわけではありませんが、ディズニーには豊かなアニメーションの遺産があります。それが彼らの映画を特別なものにしているのです。アニメーターはその違いを見分ける能力に長けていますが、アニメーターではない私の友人、そして彼の両親も『塔の上のラプンツェル』のアニメーションは特別だったと言っています。しかし、具体的に他の作品と何が違うのかは指摘できません。彼らはただそう感じたんです。それはとてもクールなことだと思います。

Q. アニメーションの制作方法を簡単に教えてください

ショットの種類や依頼される内容によりますが、私はいつもビデオリファレンスから始めます。ビデオリファレンスを使えば、既存のトリックと重ならないように気を配ることができます。人は同じトリックを何度も使ってしまうので、ビデオリファレンスを撮影しておけば、それを回避し、新しい要素をショットに取り入れることができます。

撮影を終えたら、そのビデオリファレンスを観察します。たとえば、身体を使ったシーンの場合、自分の身体がどのようにリファレンス内で動くか研究します（身体運動はとても難しいテーマです）。そこから、4〜6のブロッキングを作成し、最初から最後までショット全体のタイミングを把握します。私の場合、ファーストパス（初期段階）から、できるだけ最高のポーズを作成します。どういうわけか、お気に入りのポーズを見つけるまで、次のステップに進めません。時間を節約するために適当なもので済まし、先に進むということができない性格なのです。

次は、タイミングに着手してブレイクダウンを作成します。アニメーションの中で監督に見せたい部分がある場合、見せる前にできるだけブレイクダウンします。監督に最初に見せるときは、アイ

6.17『Snack Attack』(2008年)
Jason Figliozzi が制作した短編映画のカートゥンシーン。モーションブラーの代わりにスミアを活用しています

デアのアピールが主な目的になります。明確に伝わらなければ、代わりに他人のアイデアを与えられ、それを制作することになります。自分のアイデアではないので、以前のような情熱は感じられないでしょう。そのため、自分のショットをアピールする方法を考えることは重要です。監督に見せて、ゴーサインが出たら、持ち帰って最後まで仕上げ、最高のショットを再び見せます。

Q. この業界に入る学生にどのようなアドバイスをしますか？

重要なのは、恐れず新しいものにチャレンジすることです。ありふれた表現は避けましょう。他人と違ったものを試し、人々がそれについてどう思うか考えてください。**試さないよりも、試して否定される方に価値があります。**そして、できるだけ多くの人に作品を見てもらいましょう。なぜなら、最終的に大勢の人が、あなたの作品を見ることになるからです。大事なのは自分の反応ではなく、みんなの反応です。できるだけたくさんの人に見てもらうことが、上達の1番の近道になるでしょう。

> 重要なのは、恐れず新しいものにチャレンジすることです。ありふれた表現は避けましょう。他人と違ったものを試し、人々がそれについてどう思うか考えてください
>
> JASON FIGLIOZZI

実践してみよう

ここでは、本章で取り上げたさまざまなテクニックの使い方を紹介し、アニメーションを仕上げていきます。

マルチプルリムの追加

STEP 1

Mr.バトンズが必死に逃げようと空中で足を動かし、エネルギーをためています（**図6.18**）。足がとても速く動いているので、マルチプルリムを導入しましょう。当初は、足をランダムに配置し、混沌としたアクションにするつもりでした。しかし、走るアクションを決めた後、そこに円のパターンがあることに気づいたので、マルチプルリムで強化します。4フレームのランサイクルによって生じる大きなスペーシングギャップを埋めましょう。通常のランサイクルは6～8フレームなので、今回はおよそ半分になります。

STEP 2

Mr.バトンズのリグには、マルチプルリムが備わっています。ボディコントロール（COG_Ctrl）を選択すると、追加分の手足のチャネルがついています。アトリビュートは0～1（0：完全に透明、1：完全に表示）です。手足の透明度は0～1間の数字で調整できます（**図6.19**）。Mr.バトンズでは、それぞれ3つまでマルチプルリムを追加できます。

6.18

6.19

STEP 3

マルチプルリムは1度に1つずつを追加しましょう。図6.20には追加した最初の脚が含まれています。メインの脚のアクションに従ってポーズを取ります。前のフレームに戻って脚のある場所を確認し、方向とスピードを把握しましょう。スペーシングと弧（運動曲線）にも注意を払います。円の動きを作成するときは、弧を適切に描かなければなりません。ポージング後、[透明度]を調整して少し透明にしましょう。

STEP 4

マルチプルの脚をもう1つ追加します（図6.21）。この脚はスペーシングがより大きく、もう少し透明で、元の脚から遠ざかっています。脚ごとに3つまでマルチプルリムを追加できますが、2つで十分だと判断しました。スペーシングギャップは埋まったので、これ以上追加すると分かりづらくなります。注意すべき点は、最終出力に基づいて[透明度]を調整することです。レンダリングイメージの[透明度]は、プレイブラストと異なることがあります。

STEP 5

もう片方の脚には、マルチプルリムを1つだけ追加します（図6.22）。両脚を同じ数にしない理由は2つです。1つは、右脚を2つのマルチプルに留めたように、加え過ぎると分かりづらくなります。もう1つは、左脚の移動距離が右脚よりも少ないためです。これを確認するために前のフレームを参考にしても良いですが、最も効果的な方法は動いている脚を見ることです。

さらに数フレームほどマルチプルリムを追加する必要がありますが、それが多いのか少ないのか、[透明度]が十分なのかは、実際に一連のアクションとして見るまで判断できません。この制作プロセスは、少し試行錯誤を必要とします。

6.20

6.21

6.22

モーションラインとドライブラシ

STEP 1
Mr.バトンズはアニメーションの最後で、画面から素早く離れます。リアルタイム再生すると消えたように見えます。消える前の数フレームでそのアクションを示していますが（図6.23）、この動作は速いので、モーションラインを少し加え、画面の左側に消えることを強調しましょう（図は動作の流れを分かりやすくするため、右から左へ順に示しています）。マルチプルリムでは、前のフレームを参考にすることが重要でした。モーションラインの追加でも前のフレームを参照し、アクションの流れに合わせましょう。

STEP 2
モーションラインには、**Swoosh**（Swoosh.ma）を使います。これはサポートページからダウンロードできるので、シーンにリファレンスとして設定しましょう。モーションラインを追加するごとに、新しいSwooshアセットをリファレンスする必要があります（Swooshの使い方は、サポートページのダウンロードムービーで紹介）。私はMr.バトンズが画面から消える直前のフレームにモーションラインを追加しました。理由は、そのフレームと前のフレームの間のスペーシングが少し広いためです（図6.24）。モーションラインを追加するときは、そのフレームと前のフレームの間を行き来します。そうすれば、各パーツのアクションの流れを見ながら、モーションラインの曲線を適切に配置できるでしょう。

STEP 3
モーションラインをさらに追加したら、Mr.バトンズに合わせて色を変更しましょう（図6.25）。Swooshの既定色は黒で目立つため、もっと落ち着いた色を使います。Swooshにはテクスチャがありませんが、シェーダを調整して簡単に色を変更できます。

6.23

6.24

6.25

STEP 4
Mr.バトンズが画面から消える直前のフレームを仕上げたので、次のフレームに移り、モーションラインをさらに配置します。マルチプルリムのように表示のオン／オフをキーフレーム化し、表示したいフレームにだけモーションラインをオンにします（図6.26）。階層の上位ノードに移動し、表示のオン／オフを切り替えれば、Swoosh全体の表示を変更できます。Mr.バトンズはすでにシーンからいなくなっていますが、前のフレームのモーションラインを表示したままにすると、新しいモーションラインの位置と曲率を決めるのに役立ちます。

STEP 5
Mr.バトンズは長い距離を移動するので、ドライブラシ効果も追加、何もないスペースを減らしましょう。

図6.27のオレンジ色の丸太状のシェイプがドライブラシ効果になります。Swooshのサイズを大きくして、モーションラインの大半を覆い、色をMr.バトンズに合うようにオレンジに変更します。それでもまだおかしく見えるので、もう少し透明にして、先を細くします。

STEP 6
Swooshコントロールでドライブラシの形を決定します。もちろん、調整可能な透明度（Transparency）のアトリビュートも備わっています。図6.28ではSwooshの先端に向かって透明度を上げていき、きれいに減衰させました。プレイブラストとレンダリングイメージは、透明度が異なる場合があります。ライティングとレンダリングで最終出力を作成する前に、まずテストしましょう。

6.26

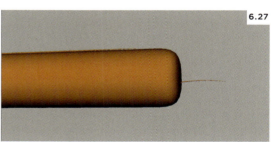
6.27

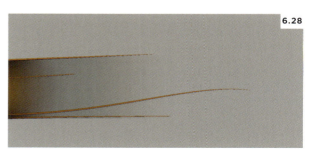
6.28

スミア

STEP 1

マルチプルリム、モーションライン、ドライブラシを学んだので、次はスミアを見ていきましょう（図6.29）。CHAPTER 4で作った既存ポーズをベースに、**boSmear**で全身を変形させます。まず、GUIでレンダリング用に設定したメインカメラを選択（パースビューではなく）、スミアをこのビューに制限します。次は[Target]にボディコントロールを選択、[Geometry]に変形させるすべてのジオメトリを追加します。では[Create Smear]ボタンをクリックして、Mr.バトンズのスミアを開始しましょう。

STEP 2

[Create Smear]ボタンで、カメラの前に透明な平面メッシュが表示されます（図6.30）。このメッシュを操作し、キャラクターを変形していきます。また[スムーズ メッシュ プレビュー]をオンにしていると、キャラクターが低解像度のポリビューになる場合があります。キャラクターを選択、[3]キーを押して、[スムーズ メッシュ]モードに戻しましょう。カメラの前に新しく作成された平面メッシュを右クリック、[頂点]を選択します。これでコンポーネントレベルでメッシュを操作できるようになります。

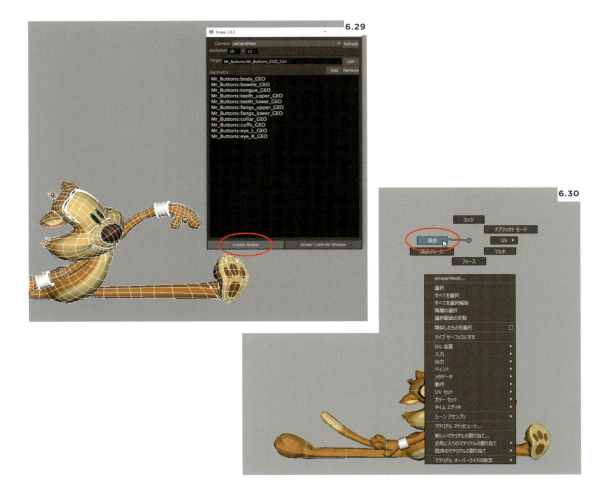

6.29

6.30

STEP 3

頂点は1つずつ個別に動かせますが、最初はグループで動かしましょう（図6.31）。このとき、選択した頂点の周囲にきれいな減衰を作成できる［ソフト選択］をお勧めします。ソフト選択は［B］キーでオン／オフを切り替えます。［B］キーを押したまま、左右にドラッグすれば、減衰の増減を調整できます。［ソフト選択］をオンにすると、減衰の半径が大き過ぎて、すべての頂点が黄色でハイライトされることがあります。その場合は、減衰を適切なサイズまで小さくしてください。

STEP 4

積極的に頂点を動かしてください。頂点が重なり合うとメッシュが乱れることもありますが、［グラフ エディタ］できれいなカーブが必要ないのと同様、カメラレンズの前にある平面もきれいである必要はありません。重要なのは、キャラクターがどのように見えるかという点だけです。メッシュがまったくコントロールできなくなったら、**boSmear** ウィンドウで［Smear Controls Window］をクリック、［Animation Controls］＞［Reset Mesh］ボタンを押して、メッシュをリセットします（図6.32）。

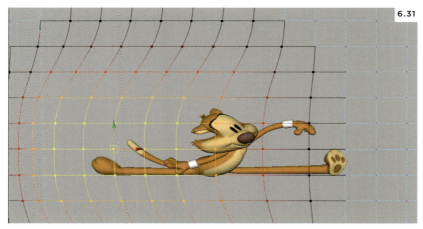

6.31

6.32

STEP 5

スミアメッシュはポリゴン平面なので、Maya ツールで自由に操作できます。特に［ジオメトリのスカルプト ツール］は便利です（**図6.33**）。［モデリング］モジュールに切り替え、［サーフェス］＞［ジオメトリのスカルプト ツール］オプションを選択。ツールの設定ウィンドウで、スミアメッシュを操作できるさまざまな種類のブラシを選択します。私がよく使うのは［リラックス］ツール（図の赤い円）です。これはメッシュを既定の状態に戻してくれるので、頂点が乱れてしまったときに役立ちます。（頂点ではなく）メッシュを選択、ペイントしていきましょう。［ソフト選択］と同様、［B］キーを押したまま、左右にドラッグすればブラシサイズを変更できます。

STEP 6

前後のフレームに進むと、スミアの変形がすべてのフレームに適用されています。これを修正するため、元の **boSmear** ウィンドウで［Smear Controls Window］をクリック、ウィンドウを開きましょう。まず、スミアを適用したいフレームに進み［Key All Mesh Verts］をクリックします（**図6.34**）。次に、前のフレームに戻り、［Reset Mesh］ボタンをクリック、［Key All Mesh Verts］で設定した変形を取り除きます。スミア後のフレームにも同じプロセスを適用したら、［Toggle Mesh Visibility］をクリック、メッシュを隠します。これで完了です！

6.33

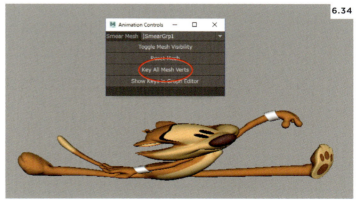

6.34

スタッガ（震え）

STEP 1
最後のカートゥンテクニックはスタッガです（紹介する順番は最後でも、他のテクニックと同じく重要です）。私は数あるテクニックの中でも、スタッガがお気に入りです。簡単に扱えるだけでなく、正しく使えばポーズがとてもクールになります。図6.35に一連のポーズがあります。この最後のポーズでスタッガを開始しましょう。

STEP 2
スタッガでは開始と終了のポーズを決める必要があります。3番めのタコスのように身体を丸めているポーズを使いたい気持ちもありますが、このポーズから終了ポーズに移ると、変化と震えが非常に大きくなります。そこで、終了ポーズに近い、あまり極端ではないポーズを作成しましょう。私は終了ポーズをコピーし、少し戻しました。図6.36はスタッガ用に選んだ開始と終了のポーズです。

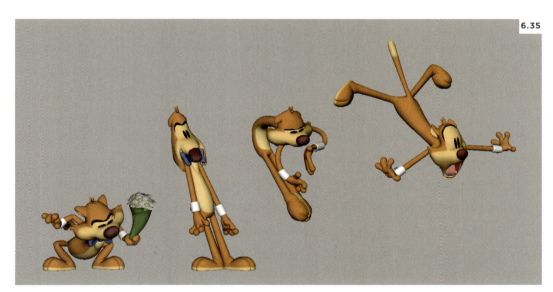
6.35

6.36

STEP 3

スタッガはフレーム 240 から始まり、フレーム 252 で終わります。Mr. バトンズがシーンから慌てて出て行く前に、時間をあまり掛けたくないので、12 フレームのスタッガにしました。アニメーションの最後のスペースは、コピーするためのワークスペースとして使います。アニメーションの最終フレームは 276 なので、開始と終了のポーズをフレーム 300 と 306 にそれぞれコピーします（図 6.37）。なぜ、12 ではなく半分の 6 フレームにしたのでしょうか？ スタッガは特定のフレームを繰り返すことで機能するため、ワークスペースには実際のアニメーションで必要なフレームの半分の数で十分だからです。

STEP 4

［グラフ エディタ］でカーブにキーを設定、ワークスペースにコピーした 2 ポーズのキーが表示されます（図 6.38）。スタッガをファストアウト、スローインの感じにするため、開始ポーズの接線を［リニア］、終了ポーズの接線を［フラット］に変更しましょう。

STEP 5

最後に **2 フレーム進んで 1 フレーム戻る**方法を使い、ワークスペースからアニメーションにコピー＆ペーストします（P.155 を参照）。前に述べたとおり、次のフレームが分からなくなった場合に備え、このプロセスをチャートにすると便利です。

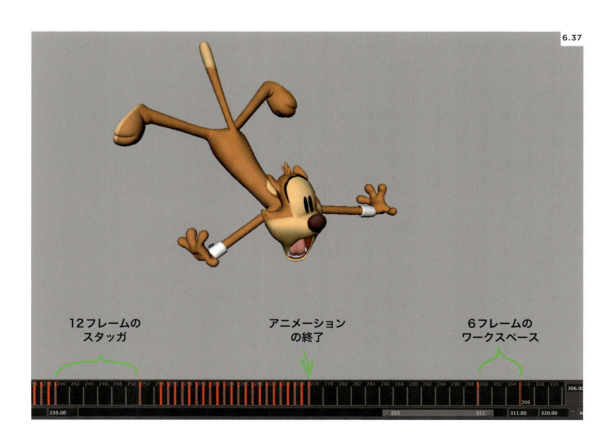

6.37

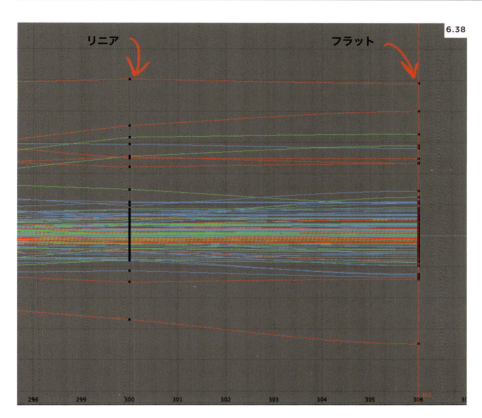

6.38

リニア　　　　　　　　　　　フラット

図 6.39 は今回のスタッガチャートです。コピー&ペーストを終えたら、アニメーションをプレイブラストして、ルックを確認しましょう。おかしなところがあっても、簡単に変更できます。スタッガが大きすぎる場合は、開始ポーズを修正し、終了ポーズにもっと近づけます。おそらくはタイミングの問題なので、スタッガのフレーム数を増減させてみましょう。変更は簡単に行えるので、いろいろ試して、どんな結果になるか確認してください。満足できるものに仕上がったら、6フレームのワークスペースにある2つのキーフレームを削除します。これで完成です！

6.39

ワークスペース （コピー）	アニメーション （ペースト）
300	240
302	241
301	242
303	243
302	244
304	245
303	246
305	247
304	248
306	249
305	250
306	251

付録 APPENDIX

あとがき

はじめてアニメーションを教える機会を与えられたとき、私は力不足で、すぐにパニックになりました。まだ、自分自身が学んでいく段階であり、場違いに感じたのです。実際にそのとおりでしたが、挑戦してみることにしました。経験こそ最高の教師です。そして、最終的に自分の立場を見出すことができました（最初の数年間に受け持った生徒たちが、私の経験不足に不満に感じていないよう願っています）。

同じことは、カートゥンアニメーションの世界に踏み込んだときにも起こりました。私は『ルーニー・テューンズ』の短編映画を見て育ち、突拍子もないおかしな内容を楽しんでいたので、それを十分理解していると思っていました。しかし、「鑑賞者であること」と「制作者として実際に作業を行うこと」は全くの別物でした。そこには、実制作ならではの不快感や不確実性があったのです。もちろん、この新しいアニメーションスタイルを模索する初期段階は、苦労しました。しかし、一つひとつの失敗は成功のチャンスだと考え、上手くいくまで続けました。

皆さんも私と同じように感じているかもしれません。もしくは、本書を読み、カートゥンアニメーションを試し、成功以上に多くの失敗を経て、今、このあとがきを読んでいるかもしれません。しかし、もしそうだとしても、諦めてはいけません。必ず上手くいきます。何度も繰り返し試す必要があるかもしれませんが、継続すれば、最終的に正しい結果を得られるでしょう。カートゥンアニメーションの学習では、断片的なアプローチが有効です。ポーズテストが最も苦労する作業なら、作品をチェックしながら、何度も繰り返しポーズを作成するのみです。また、経験の有無に関わらず、外部からのインプットは有効です。ブレイクダウンの作成、動きの修正、あるいは、本書のCHAPTER 6で概説しているクレイジーなテクニックについても同様です。皆さんの弱点が何であれ、そこに時間を掛ければ、スキルを磨き続けられます。

スキルの幅を広げれば、マーケットで必要とされるようになるでしょう。実際、幅広いスタイルをアニメーションリールに収録することは、自分をスタジオに売り込む手段の1つです。本書が、皆さんのスキルを広げ、作品を際立たせる「ハウツー」を提供して、セルフブランディングに役立つことを願っています。あらゆるアーティストにとって重要なことは、学び、成長し続けることです。本書では、アニメーションに新しいアプローチを試すことを勧めています。チャレンジして自分の殻を破れば、アニメーションアーティストとして、より豊かで実りのあるキャリアにつながることでしょう。皆さんの成功を祈っています。

推薦書籍

『ディズニーアニメーション 生命を吹き込む魔法 ― The Illusion of Life ―』(オリー・ジョンストン、フランク・トーマス著)と『アニメーターズサバイバルキット』(リチャード・ウィリアムズ著)は、すべてのアニメーターの本棚に置いておくべき書籍です。他にもカートゥンアニメーションの筋肉を鍛えるのに便利な書籍を紹介しましょう。

『キャラクターアニメーション クラッシュコース!』(エリック・ゴールドバーグ著)エリックは手描きアニメーションの達人で、長年の経験知を1冊にまとめました。読んでいて楽しくなるイラスト満載の書籍です。

『Draw the Looney Tunes』(Dan Romanelli著) 子ども向けの簡単な絵本と思ってはいけません。ドローイングに関する有益な情報と、美しく描かれた表現豊かなポーズのイラストが満載です。

『Drawn to Life:20 Golden Years of Disney Master Classes:Volumes 1 & 2』(Walt Stanchfield著)は、ジェスチャーやサムネイルのドローイングを改善するのに最適です。学生時代、私たちはウォルト・スタンフィールドのメモのコピーを回し合い、それら一つひとつを手元に置いて、大切にしていました。現在、1と2の2冊で出版されています。

『Pose Drawing Sparkbook』(Cedric Hohnstadt著)には、多くのさまざまなエクササイズが含まれています。想像力を飛躍させ、ポーズによるストーリーテリングに役立つことでしょう。

推薦映像

DVDやBlu-rayでは、古典的なアニメーションをフレームごとに見ることができます(ストリーミングメディアでは簡単にできません)。カートゥンアニメーションのDVDやBlu-rayコレクションを構築しておくと役立つことでしょう。私のお勧めは以下のとおりです。

DVD『Looney Tunes Golden Collection, Vol.1–6』、Blu-ray『Looney Tunes Platinum Collection, Vol.1–3』 各ボリュームには、復元された美しい『ルーニー・テューンズ』のショートフィルムが多数収録されています。

DVD『Walt Disney Treasures』 ディズニーアニメーションのショートフィルムを収録しています。絶版になっているため、高価になっている場合があります。しかし、それだけの価値はあります。

Blu-ray『Tom & Jerry : Golden Collection - Volume 1』 古典的なトムとジェリーのショートフィルムには、カートゥンアクションの素晴らしい例がいっぱいです。

『ロジャー・ラビット 25周年記念版』 ロジャー・ラビットは素晴らしいアニメーション映画ですが、このセットに含まれる3つのショートフィルム『おなかが大変!』『ローラー・コースター・ラビット』『キャンプは楽しい』は、カートゥンアニメーションの最も素晴らしい例です。

付録
APPENDIX

画像クレジット

1.1 『スター・ウォーズ：クローン大戦』（2008年）Lucasfilm / The Kobal Collection

1.2 『アベンジャーズ』（2012年）Marvel Enterprises / The Kobal Collection

1.3 『原始家族フリントストーン』（1960-1966年）Hanna Barbera / The Kobal Collection

1.4 『くもりときどきミートボール』（2009年）Sony Pictures Animation / The Kobal Collection

1.5 『ホートン ふしぎな世界のダレダーレ』（2008年）Blue Sky / 20th Century Fox / The Kobal Collection

1.6 『怪盗グルーの月泥棒』（2010年）Universal / The Kobal Collection

1.8 『スタートレック』（2009年）Paramount / Bad Robot / The Kobal Collection

1.9 『キャッツ・ドント・ダンス』（1997年）David Kirschner Prod / The Kobal Collection

1.10 『シャーク・テイル』（2004年）DreamWorks / The Kobal Collection

2.1 『ホートン ふしぎな世界のダレダーレ』（2008年）Blue Sky / 20th Century Fox / The Kobal Collection

2.3 画像提供：Ricardo Jost Resende

2.4 画像提供：Ricardo Jost Resende

2.5 『チャーリー・チャップリン』（1920年）The Kobal Collection

2.6 『マーロン・ブランド』（1951年）Warner Bros. / The Kobal Collection

2.7 『パイレーツ・オブ・カリビアン デッドマンズ・チェスト』（2006年）Disney Enterprises Inc. / The Kobal Collection / Mountain, Peter

2.18 画像提供：Ricardo Jost Resende

3.9 『ブルー 初めての空へ』（2011年）20th Century Fox / The Kobal Collection

3.10 『怪盗グルーの月泥棒』（2010年）Universal / The Kobal Collection

3.11 『マダガスカル3』（2012年）DreamWorks Animation / The Kobal Collection

3.12 『怪盗グルーの月泥棒』（2010年）Universal / The Kobal Collection

3.13 ダビデ像 ミケランジェロ・ブオナローティ作（1501-1504年）The Art Archive / Mondadori Portfolio / Electa

3.14 『ホートン ふしぎな世界のダレダーレ』（2008年）Blue Sky / 20th Century Fox / The Kobal Collection

3.15 『カンフーパンダ』（2008年）DreamWorks / The Kobal Collection

3.16 『モンスターホテル』（2012年）Sony Pictures Animation / The Kobal Collection

3.18 『モンスターホテル』（2012年）Sony Pictures Animation / The Kobal Collection

3.19 『くもりときどきミートボール2 フード・アニマル誕生の秘密』（2013年）Columbia Pictures / Sony Pictures Animation / Spi / The Kobal Collection

3.20 『くもりときどきミートボール』（2009年）Sony Pictures Animation / The Kobal Collection

3.21 『モンスターホテル』（2012年）Sony Pictures Animation / The Kobal Collection

4.1 『アイス・エイジ2』（2006年）20th Century Fox / The Kobal Collection

4.4 『ウィトルウィウス的人体図』15世紀後半に描かれた。オリジナルはヴェネツィアのアカデミア美術館蔵 レオナルド・ダ・ビンチ（1452－1519年）The Art Archive / Private Collection Italy / Gianni Dagli Orti

4.5 『怪盗グルーの月泥棒』（2010年）Universal / The Kobal Collection

4.6 『ブルー 初めての空へ』（2011年）20th Century Fox / The Kobal Collection

4.8 『モンスターホテル』（2012年）Sony Pictures Animation / The Kobal Collection

5.2 『カンフーパンダ2』（2011年）DreamWorks Animation / The Kobal Collection

5.9 『ホートン ふしぎな世界のダレダーレ』（2008年）Blue Sky / 20th Century Fox / The Kobal Collection

5.10 『モンスターハウス』（2006年）Columbia / The Kobal Collection

6.1 『マダガスカル』（2005年）DreamWorks Pictures / The Kobal Collection

6.17 『Snack Attack』（2008年）画像提供：Jason Figliozzi

謝辞

多くの素晴らしい人々のサポートがなければ、本書は出版できなかったことでしょう。編集者 Georgia Kennedy に感謝します。はじめて執筆する私を忍耐強く導き、励まし、専門知識を提供してくれました。

快くインタビューを受けてくれた Ken Duncan、Jason Figliozzi、Ricardo Jost Resende、T.Dan Hofstedt、Pepe Sánchez、Matt Williames に特別な感謝を捧げます。たくさんの知恵を共有してくれました。

私に課題を与え、これまでに教えてきたこと以上に多くを教えてくれた生徒たち。ありがとう。私の灰色の髪の1本1本に、君たちの名前をつけるつもりです。

Mr.バトンズと Jeremiah Alcorn、Marcus Ng、Gabby Zapata に感謝します。このキャラクターは、彼らの素晴らしい貢献がなければ生まれなかったことでしょう。

私のもう1つの目、Cheryl Cabrera のおかげで、アニメーションの学生にできるだけ役立つような構成にすることができました。

家族の継続的なサポートには、言葉で言い尽くせないほど感謝しています。特に、妻 Debbie、彼女は一生の親友、ソウルメイトです。そして、私だけの編集者であり最大の支援者です。長女 Sarah は、インタビューを書き写してくれました。彼女の機智と知恵は、私をいつも奮い立たせてくれます。末娘 Savannah の愛嬌と愛情は、私に刺激を与えてくれます。

最後に、神に感謝を捧げます。私にカートゥンアニメーションで生計を立てられる幸運と才能を与えてくれました。

出版社は、Cheryl Cabrera、Paul Grant、Hugo Glover、Jason Theaker、Eric Patterson、Pete Hriso、Jesse O'Brien に感謝していることでしょう。

CGキャラクターアニメーションの極意
- MAYAでつくるプロの誇張表現 -

2017年11月25日初版発行

著　　　者　Keith Osborn
翻　　　訳　株式会社スタジオリズ
発　行　人　村上 徹
編　　　集　髙木 了
発　　　行　株式会社ボーンデジタル
　　　　　　〒102-0074
　　　　　　東京都千代田区九段南 1-5-5
　　　　　　九段サウスサイドスクエア
　　　　　　Tel:03-5215-8671　　Fax:03-5215-8667
　　　　　　www.borndigital.co.jp/book/
　　　　　　E-mail:info@borndigital.co.jp

レイアウト　　株式会社スタジオリズ
印刷・製本　　株式会社大丸グラフィックス

ISBN 978-4-86246-402-6
Printed in Japan

CARTOON CHARACTER ANIMATION WITH MAYA:
Mastering the Art of Exaggerated Animation
by Keith Osborn

Copyright © 2015 by Bloomsbury Publishing Plc.

Japanese translation published by arrangement with Bloomsbury Publishing Plc through The English Agency (Japan) Ltd.

Japanese language edition published by Born Digital, Inc. Copyright © 2017

価格は表紙に記載されています。乱丁、落丁等がある場合はお取り替えいたします。
本書の内容を無断で転記、転載、複製することを禁じます。